心理学与心理分析

深入解读　透彻分析　看透内心　了解他人

一本书揭示内心玄机，公开微动作背后的心理秘密！

隋岩（知名心理作家）著

畅销4版

中国法制出版社
CHINA LEGAL PUBLISHING HOUSE

前　言

在 Wizards Project 中，保罗·艾克曼和他的同事发现了微表情在识别谎言中的作用，1985 年，艾克曼在他的著作《说谎》中系统地解释了他的研究成果——人际交往的一举一动、一颦一笑是如何欺骗他人，又是如何出卖自己的。

二十多年后，美国福克斯公司拍摄的电视剧《别对我撒谎》和香港 TVB 拍摄的电视剧《读心神探》将微表情带入大众视野，此后，微表情被越来越多的人熟悉，也有人开始专门研究人在各种细微的表情变化之间表达的情绪、情感和态度。

微表情指的是在人脸上短暂出现的表情，微动作则是指全身上下的微小变化，小到眉毛、眼睛、嘴巴、耳朵，大到胳膊、大腿、躯干，这些身体部位的微妙变化，往往透露着一个人的内心，或者是此时此刻的情绪变化，或者是一个人恒定不变的个性特征。

人都有掩饰真实自我的倾向，但是在琐碎的小动作上，一些内心情感是难以掩饰的，细节处处都在泄露天机。可以说，微动作是了解一个人真实内心的线索，眨眼、瞪眼、睁眼、闭眼，挥手、握手、绞手、搓手，点头、摇头、叉腰、含胸，任何不起眼的动作都是一道进入神秘心理之门的机关。翻看这本书，你就拿到了打开每个机关的钥匙。

本书从微动作的角度解读人的心理。书中根据身体部位的不同，设定了身体密码、手指信号、说话之道等章节，每一个小节就是对一个细微动作的精心解读。你可能早已意识到，动来动去的双手一定代表着某种含义，转瞬即逝的眼神好像在表达什么内容，但无法确定那到底是什么。本书会告诉你，你的感觉是正确的，而且会给每一个细微动作以专业的解释。

细微之处见人心。了解他人的微动作，隐藏自己的微动作，相信我，你会成为职场、社交中的有心人，能够去了解他人；同时，你也会成为生活中的有心人，朋友有苦难言，恋人欲说还休，你却能从他们的动作、表情中看出一切。拥有洞察人们心理的能力，算不算是一件幸运的事呢？

目 录

第三章　说话之道

第四章　内涵丰富的五官

第五章　举手投足之间

第八章 微动作识人

第一章

解读身体密码

人真的无法伪装自己的内心，伪装自己的身体语言吗？答案是肯定的。身体语言大多难以压抑或掩盖，听到好消息，人就会情不自禁地露出笑容；激动时，人就会大声喊叫、手舞足蹈；做了亏心事的人总是心神不定；发怒时，人多会青筋暴起、咬牙切齿。如果想要分辨一个人的真伪，不要听他说什么，要从身体语言入手，看看他的真实想法。

来自半兽人时代的身体语言

托尔斯泰在他的长篇小说《怪人》中有这样的描述："当人们还过着半野兽似的生活时，他们总是打着手势，发出一些声音，做出表示危险或好感的信号……这些手势的作用和声音结合在一起，并且从声音中产生出词汇，最后才产生出有联系的人类语言。"

按照托尔斯泰的说法，在人类拥有语言之前，处在半兽人时代的人类祖先是用手势、声音、肢体动作等身体语言交换信息、进行交流的。由此我们可以想象这样一个画面：时间是在远古时代，背景是原始丛林。生活在其中的类人猿还没有学会直立行走，更没有发展出含有语义的声音，即语言。他们在大树和灌木之间活动，用伸一只胳膊或者高声叫喊的方式呼朋引伴。

一个人对同伴做了一个招手的动作，对方没理解他的意图，接着他不停地招手，直到对方来到自己身边，他才停下来。如此反复多次，招手和"请你过来"联结到一起，从此之后，小伙伴们用招手的方式呼唤对方。声音也是如此，第一次出现时，一定有一方困惑于发出声音的人的意图，但经过反复使用，某一音调的声音就具有了特殊的含义。比如，遇到危险时，用一种低沉的、浑厚的声音震慑敌人，告知对方"请勿靠近"。

不管是肢体动作还是声音，和具体的含义联系在一起后，沟通变得方便起来。最开始，人类始祖发出的声音和咿呀学语的婴儿所发出的一样，即使这样，他们也能方便地交流，好像每一个动作、每一个声音都被赋予了特别的意义。

至于身体语言到底是从什么时候正式成为人类沟通、交流的一部分的，今天的研究者还没有找到确切的答案。有人认为是遗传基因决定了身体语言，有人则认为是环境决定的，持辩证法观点的人则将遗传和环境结合在一起，认为它们共同决定了身体语言的出现。

进化论的奠基人达尔文是最早研究身体语言的科学家之一，他研究的是人类和动物的表情。受当时盛行的遗传决定论的影响，达尔文认为灵长类动物的表情是天生的，即受遗传的支配。一位德国科学家艾伯菲尔德发现，孩子天生就会笑，即使是先天失聪或者失明的孩子也具有微笑的能力，好像那根本就是不需要后天学习的本能。

沿着达尔文的这条线索，现代心理学家也着手研究了人类表情。美国心理学家艾克曼等人研究了不同文化环境中的人类表情，发现了人类基本的情感反应。面对愉快、悲伤、蔑视、愤怒、厌恶、惊讶、恐惧这几种情绪时，全世界人的表情反应都非常相似。

不管是亚洲的黄种人、非洲的黑种人、欧美的白种人，还是生活在原始森林里的部落族人，竟然都有着相似的表情。正因为肢体语言能够被全世界的人接收，无声时代的电影，如喜剧大师卓别林的表演，才能受到亚洲、欧洲、美洲的人们甚至非洲土著人的欢迎。这似乎在说明，在猿猴进化到人的过程中，世界各地的人种的进化过程是同步的，至少在表情这一维度上是这样的。

心理学家证明了人类表情的一致性，但是没法证明人类的肢体动作具有一致性。实际上，世界各地、各国、各民族的人们肢体动作本来就是不一样的。肢体动作受文化的影响比较大，因此，不同文化的肢体动作出现巨大差异，甚至完全相反一点都不稀奇。

举个常见的例子，中国、日本、美国等国家的人用点头这一动作表示赞同，而尼泊尔、斯里兰卡和因纽特人则用点头表示反对和批评；在信仰伊斯兰教的地区，人们用右手吃饭，用左手拿脏东西，如果你用左手触碰当地人的身体，比如伸出左手与他人握手，则会被看作侮辱性的行为。由于人们对肢体动作的不同理解，常常会闹出不少笑话，让人不明所以地陷入尴尬的境地，一位名叫艾伦的美国少年就遭遇了一件这样的事。

有一天，艾伦到朋友家参加聚会，路上遇到一位长相姣好的少女。她扭动着腰肢走在艾伦前面，做出毫不掩饰的挑逗姿态。艾伦被这位少女迷住了，一路跟上去，并且在路口等红灯时开口和她搭讪。令人意外的是，这位少女没有回应艾伦的热情，反而将他当成了跟踪狂，声称如果他不走开，她就要叫警察了。路口的红灯变绿灯，少女继续妖娆地向前走，艾伦站在原地，思绪稍显凌乱。

艾伦想，如果她不想引诱我，为何要用那样妩媚的姿态在我前面走呢？艾伦百思不得其解，只好先赶到朋友家。一进屋，艾伦就将路上遇到的糗事告诉了他的朋友泰德。泰德听完故事之后耐心地解释说：“这附近的居民大多是西班牙人的后裔，不管这些女孩子表现得多么招摇，她们都绝对是规规矩矩的姑娘。”

这正是由于不理解不同文化的身体语言造成的误会。在西班牙或者说西班牙语、受西班牙文化影响的国家里，女孩子走起路来风情万种是很常见的，当地人并不会觉得奇怪。相反，如果一个西班牙女孩子直着腰板，像英国淑女那样谨慎小心地走路，反而看起来不够自然。

随着人类语言的发展，原本或许还能用声音、口哨沟通的原始人类变成了说不同语言的现代人，人类沟通变得非常困难。如果没有翻译，来自不同国家的人互相对话就会变成鸡同鸭讲。这时，肢体语言就会发挥其用途。

20 世纪 50 年代，美国心理学家阿尔伯特 · 麦拉宾发现，一条信息产生的影响力，7% 来自文字，38% 来自声音，剩下的 55% 来自无声的肢体语言，这一说法被称为“麦拉宾法则”。另一位心理学家做了类似的研究，他发现在面对面的交流中，语言传递的信息占 35%，剩下的信息则由身体语言传递。一位心理学家在研究了上千次的销售和谈判过程后得出结论：谈判桌上的决定，60% ～ 80% 是肢体语言做出的。

有时候，我们在接受他人传递的信息时，倾听口头语言的表达，不如关注身体语言的意义。而且，身体语言往往比口头语言更准确。一个高明的警探能从犯罪嫌疑人的姿态、神情、细微动作中看出他的真实意图是顽抗到底，还是准备撒谎，抑或是有难言之隐。半个世纪前，一位心理医生通过分析身体语言救了一位少年的命。

脸色苍白、身体瘦弱的少年唐每个星期都到心理医生那里报到，他是这一天的最后一个病人。治疗结束后，心理医生说：“今天到此为止，请你明天再来”。唐有气无力地说：“不必为明天操心了，我是一个没有明天的人。”医生说：“别来这套了，唐，过去六个月，你不是每个星期都说要自杀吗？”

送走了唐，心理医生感觉有点不自在，他一直在想唐临走时说的那句话。虽然唐已经说过很多次类似的话，但是今天他给人的感觉非常奇怪。心理医生回想起在今天的治疗过程中，唐的情绪一直很消沉，走路时显得非常局促，眼睛里流露出无力的目光。难不成，这一次他真的要自杀？

医生实在放心不下，于是驱车赶到唐的家里。果然，唐已经实施了自杀计划——他将自己反锁在房间里，吞下了一瓶致命的药丸。幸好心理医生及时赶到，并将他送到医院，唐才幸免于难。回到家后，妻子问他，你是怎么感觉到唐要自杀的呢？心理医生说：“他的种种姿态都在告诉我，这一次他是来真的了。”

大脑的秘密空间

放眼宇宙，人类只是微小的存在，然而，人类的大脑却是宇宙间最复杂的结构之一，大脑里的神经细胞甚至不比银河系的星星少。尽管脑科学不断进步，人们已经能够用 MRI（脑功能核磁共振成像）更直观地观看大脑内部，但是关于大脑细胞是如何工作、如何分工的，仍然有很多问题没有完全弄清楚。

众所周知，不管是人的肢体动作、语言还是表情，都是靠神经系统支配的。除大脑和脊髓这两个神经系统外，人还有一套外周神经系统，包括动物神经系统和自主神经系统。前者控制躯体的运动，包括面部表情的变化，五官的运动，脖颈、胸、腰、臀部的运动等；后者控制人的器官反应，如血液的流动、腺体的分泌，调节葡萄糖、水等物质的代谢。控制人类微动作变化的正是大脑和动物神经系统。

许多人喜欢通过观察他人面部的微小变化、肢体细微动作，如翘起嘴唇、紧皱眉头、紧握双手来分析这个人的情绪和感受。有的人似乎有这方面的天分，能够轻松地读懂别人的内心。其实，很多人并不了解，并非仅凭自己的主观意愿，就能够读懂别人的微动作；若要读懂别人的微动作，还要依靠大脑的一个神秘组织——杏仁核。

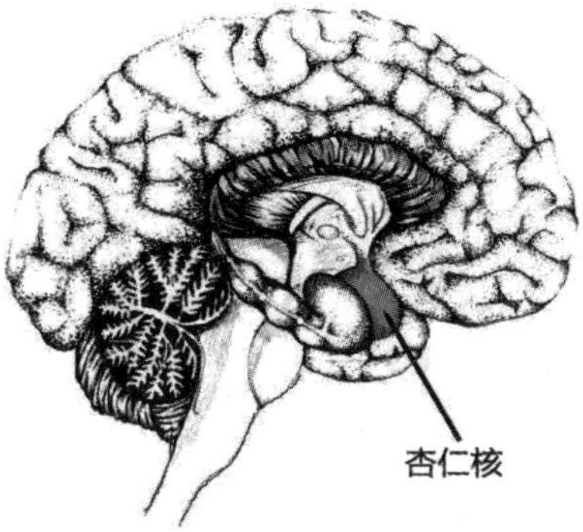

杏仁核的位置

杏仁核的体积很小，位于大脑的深层区域，附着在海马体的末端，呈杏仁状。一系列有关杏仁核的研究证明，在人的喜、怒、忧、思、悲、恐、惊七种情绪中，杏仁核与恐惧、愤怒、焦虑的关系最为密切。

请你设想这样的场景：夜晚独自回家，打开卧室的门，突然听见一阵怪异的声音，你环顾四周，却找不到声音的来源，那声音好像是从遥远的苍穹飘荡过来的，经久不衰；阴湿的下雨天，你走在狭窄的小巷内，突然闪出来一个人影，瞬间又消失不见……

这样的场景是否令你感到恐惧？外界环境的刺激通过眼睛、耳朵、皮肤等进入大脑中的丘脑。丘脑就像是汇总刺激的邮局，外界信号如邮件般纷至沓来，经过丘脑归类、分拣后，再分发给各处。

强烈的刺激走的是快捷通道，从丘脑直接到杏仁核。这时，人会立即产生防御的本能，比如手碰到燃烧的蜡烛后马上缩回；害怕时马上后退，接着闭眼、大喊。相对慢一点的途径是丘脑——大脑皮质——杏仁核。大脑皮质会对收到的信息和已有的信息进行比较分析，好像警察做指纹对比一样，分析之后，再传递给杏仁核。如果匹配，证明是安全信号；如果不匹配，大脑的警示灯亮起，身体马上做出反应，如心跳加快、血压升高、身体僵硬、不停吞咽等，这一系列反应会在两秒内出现。

不管是快捷路径还是慢速路径，最终抵达的地点都是杏仁核。当人面对危险时，杏仁核能够帮助人增加生存概率，原因就是杏仁核能够感受、控制恐惧和愤怒等情绪。杏仁核受损的人能够体验愉快、悲伤，但是不知道害怕。如果将大脑里的杏仁核切除，人不仅不会躲避危险，反而会靠近危险。

为了研究杏仁核和人类面部表情之间的关系，神经科学家曾经将电极植入癫痫病患者的杏仁核中，并观察病人们的面部表情，其中有开心的，也有恐惧的。作为和面部表情相关的结构，杏仁核和识别恐惧有关，杏仁核受损的病人在识别恐惧表情时成绩较差。除癫痫病患者外，孤独症患者的杏仁核神经细胞也少于常人，对他人的情绪反应不敏感。

恐惧记忆是一种非常牢固的记忆，一旦形成，会对人产生长久的影响。因此，那些遭遇过重大灾难的人才会长期活在恐惧的情绪里，才会"一朝被蛇咬，十年怕井绳""风声鹤唳，草木皆兵"。从大脑结构上分析，大概是杏仁核太过发达，超越常人的敏感导致的。

在一项对比 20 位遭受虐待的儿童和 23 位在正常环境下长大的儿童的研究中，当遭受过虐待的儿童看到愤怒的照片时，其大脑的杏仁核特别活跃，其反应和战场上士兵的大脑活动相似。在恐惧和危险中求生过的人，对有可能带来痛苦的信号都特别敏感。

在一张惊恐的脸上，你会看到增大的白眼珠，因为人在恐惧时眼睛会睁得很大，从而露出更多的眼白。当一个人看到别人露出更多眼白时，大脑的杏仁核就会做出反应，这个人也会感到恐惧。

愤怒产生的生理刺激和恐惧一样，反应在行为上略有差异。恐惧会让人做出防御行为，选择逃离；愤怒则会让人具有攻击性。当一个人被人冤枉、无故受到责骂时，杏仁核会发出指令，使其爆发攻击行为。

1960 年，耶鲁大学的一位科学家研究了公牛的杏仁核。他将一对电极插入了一头公牛的杏仁核，然后将公牛牵到室外。当他用外接的遥控器对公牛体内的电极发射信号时，公牛刹那间变得暴躁，凶猛地冲向人群。当科学家停止发射信号之后，公牛平静了下来，前一秒的怒火也荡然无存。这个实验证明了杏仁核和愤怒有密切的联系。

导致焦虑的刺激在传入路径上和恐惧相同，但是带来的反应不同，因为焦虑的反应是一个不断累积的过程。平常时，人的焦虑水平比较低，只有在遇到刺激之后，才会爆发冲动行为或伤害行为。飞机晚点、有急事偏偏遇到塞车、考试临近却有一大堆无关紧要的事让自己分心……如果这些情况都加在一起，即使焦虑水平低的人也要小宇宙爆发了。

另外，所谓“不作死就不会死”，即使是精神、生理状况都正常的人，如果长期酗酒，杏仁核也会发生变化。酒精能够改变大脑对外界的反应模式，当血液中的酒精含量达到 80 毫克 /100 毫升时，醉酒者在识别表情时就会连连出错，在他们眼中，惊恐和面无表情没有什么区别。这就可以解释为什么“酒壮怂人胆”，因为酒精降低了人识别危险的能力，无知者无畏，所以才会更大胆，更好斗。

身体比嘴巴会说话

口头语言是人际沟通的常用工具,但不是唯一的工具。语言不可或缺,同时也有很多缺陷。口头语言有时候并不能表露一个人真实的内心想法,反而会因为受到意识支配，故意传达错误的信息。

就语言系统本身来说，这套符号系统若要传递信息，首先需要将思想编码，将内在的思想转化为语言，传递给他人时，对方需要经过解码，才能接收到语言背后的含义。由于个体之间的差异，加之传播过程中的偏差,接收者往往不能将句子的本意还原,而是按照自己的方式进行理解,由此有可能产生歧义。

另外，学习语言需要天分。有的人伶牙俐齿，有的人笨嘴拙舌，有的人能用三言两语将事情讲清楚，有的人则半天都说不明白一件事。会不会说话，能不能把话说明白或许不能成为判断一个人聪明或愚笨的方法，但很显然，伶牙俐齿的人在口头语言交流中往往占有优势，笨嘴拙舌的人则恰恰相反。

比较特殊的情况是，人为的因素加入口头语言当中，产生谎言。今天的人们用口头语言交流，已经不是寻找食物、通报敌情那样简单了，每个人说话时都带有自己的目的，有的人想含沙射影地指责他人，有的人则隐约含蓄地表达不满。基于这样或那样的原因，口头语言的纯粹性受到影响。

当口头语言越来越不能让人明白彼此的真实意图时，人们倾向于从细微之处入手，从微动作、微表情方面察觉他人的真实内心——如果语言交流能够恢复纯粹，这根本是多此一举，可惜这几乎是不可能实现的。越来越多的事实和研究证明，人的嘴巴会说谎，但是身体绝对不会，很多时候，身体比嘴巴还会说话，而且说的都是真话。因此，身体动作成了人际交往中必不可少的“工具”。

在社会交际中，无声的语言比有声的语言更有效果，当身体语言和口头语言不一致时，人们往往会注意身体语言，而忽略口头语言。弗洛伊德就曾发现，当一个病人讲述自己的婚姻如何幸福、如何美满时，却在下意识地滑动手上的戒指，很显然，她的生活并不像她描述的那般如意。

无论是表情、眼神、姿态、手势，还是语调、语速、距离等，都会传递信息，而解读这些语言往往比听对方说话更容易了解他的内心。研究表明，人在一些基本的情绪方面会表现出一致的动作，比如人在看医生时，话语和动作会同时指向不舒服的位置；内心矛盾时，话语和动作会不一致，如内心反对却被迫投赞成票的人在说出“我同意”时，会不自觉地交叉双臂，眼睛回避，或者干脆看着地面；当闻到一股刺鼻的臭味时，人们在不满地嚷着“臭死了”的同时，会皱起眉头，掩着鼻子，即使没有在话语上表达不满的人也会做出这样的动作。

慧慧是一个非常害羞的女孩子，与人说话时常常不敢直视对方，和陌生人见面时，更是会非常紧张，不仅目光回避，而且无法和对方好好交流。她很羡慕那些性格开朗、落落大方的女孩子，既能够不失时机地展示自己的才华，打造完美的第一印象，又能吸引别人的关注。

或许，现在就是改变自己的时候了。在一位闺蜜的帮助下，慧慧决定彻底改变自己，从一个胆小、害羞的女孩，变成一个勇敢、大方的女孩，而考验她的第一个场合就是相亲会。

第一招：微笑。为了提高魅力指数，慧慧一边面带微笑地看着对方的眼睛，一边做自我介绍："我是一名检察官，但是骨子里是一个诗人"。接下来，提出准备好的话题，比如最近上映的电影，朋友圈分享的搞笑图片，和朋友一起开心逗乐的事情。

一切按照计划进行，可是她总是觉得别扭。她打起精神想让自己显得勇敢一些，眼睛却总是习惯性地盯着茶杯看，生怕对方说两句就停下来，为了避免尴尬，她就要硬着头皮提起新的话题。

好不容易撑过15分钟，慧慧跑去了洗手间。看着镜子里马上就要笑僵的脸颊，慧慧苦笑了一下，何必坚持做这样虚假的自己呢？如果坐在对面的人是一个打肿脸充胖子的胆小鬼，你会做何感想呢？

慧慧重新落座时，男士小心地问了一句："不好意思，你赶时间吗？"

慧慧赶紧解释："没有，没有，我没有赶时间。"

"今天的谈话很愉快，不过，我怎么觉得你有什么事情要做，好像在赶时间。"

慧慧长舒了一口气，拿出了包里的计划书："这就是我要做的事情，按部就班地完成这个。"

"轻熟女计划？"

"是的。这是我的朋友出的主意，今天要给你留下一个'轻熟女'的印象。"

"开朗、自信、落落大方、沉稳冷静……还不错，这些你都做到了。"

"其实，我是一个很慢热的人，和不熟的人基本没什么话，更不用说第一次见面的人了。不好意思，刚才不是故意骗你的。"

"那我也要向你道歉，其实，我早就看出来了。15分钟里，你喝了两杯茶，撕掉了十张纸巾，还踩了我两脚。开朗、大方倒也挺好，不过，我觉得展现真实的自己更好，你也知道，有些东西是藏不住的。”

慧慧的相亲计划泡汤了，但她一点都没失望。与其大费周章地模仿别人，不如真实地做自己，既然真实的内心无法隐藏，身体动作会暴露真实的自己，那么干脆不要隐藏，做自己有什么不好？

人真的无法伪装自己的内心，伪装自己的身体语言吗？答案是肯定的。身体语言大多难以压抑或掩盖，听到好消息，人就会情不自禁地露出笑容；激动时，人就会大声喊叫、手舞足蹈；做了亏心事的人总是心神不定；发怒时，谁都是青筋暴起、咬牙切齿。如果想分辨一个人的真伪，不要听他说什么，要从身体语言入手，看穿他的真实想法。

基线反应

随着美剧《别对我说谎》（*Lie To Me*）的热播，“看透你的内心”成了年轻人追逐的时尚，好像修过一门微表情的课程，翻了几本教科书，就可以从人的动作、表情中读出隐匿在其内心深处的秘密。略懂识谎术的人只知道“眼角下垂代表羞愧”“瞳孔扩大代表恐惧”“反复搓手代表紧张和焦虑”……但很少有人了解，心理学家基于什么样的原理研究人心，研究微表情、微动作背后的真实心理。

在受到刺激时，人最初的反应是不受思维控制的，这时的表情、动作、语音、语调等能够映射其内心状态。当然，这些动作往往幅度很小，而且转瞬即逝，在司法调查中，这种主观的分析和测谎仪的作用差不多，用来排除嫌疑人、确定侦查方向，但是分析的准确性不可以和人证、物证相提并论。

在司法调查中，警察有一个判断是否是可疑人物的标准，那就是我们常说的“服装的不协调”。例如，如果一个人上身穿的是高级服装，下身穿的却是一条洗得发白的牛仔裤，手提包是崭新的，皮带却出现了磨损痕迹，这样的人整体上给人一种不协调的感觉，因而会被认定为危险人物。

其实，这种现象在生活中也很常见。有的人喜欢在打折促销的时候购买名牌衣服，穿的时候故意将牌子露出来给人看，以显示自身品位和生活品质。殊不知,那双淘宝店里买来的100块钱包邮的鞋已经出卖了他，整体的不协调将其真实面目悉数暴露——没有相应的经济基础、用大品牌装点门面的、虚荣而没有品位的人。

这两种情况都表明：不符合一般规律的事情总是可疑的。一个人的衣着、动作、姿态都有一定的规律，并且不会轻易改变，如果哪一天，其中某一项突然改变，这个人就是可疑的，他一定做了有违常规的事，从而导致了外在表现的变化。在心理学上，这种现象叫作基线原理，也叫基线反应。基线反应就像人的生物钟一样，循着它，我们能窥探一个人的内心变化。

基线反应首先被应用在测谎实验中，测谎仪的原理便是如此。实验者会问被试者一些毫不相关的问题，比如，你的上一个度假地是哪里？昨天下雨了吗？世界首富是谁？哪个电影明星最性感？……被试对这些问题给出的答案并不重要，实验者问这些问题的目的是从对这些问题的回答中找到被试的反应规律：吃惊时，他的心跳、血压是多少？痛苦时是多少？兴奋时是怎样的反应？愤怒时是怎样的反应？然后再询问与测谎主题相关的问题，比如，锤子能不能砸死人？你背叛过你的妻子吗？将这一次的反应和基线反应做对比，一定会有意想不到的收获。

从人的微动作中看出内心的方法就是通过设定基线参数观察人的异常。若参数在基线范围内变化就属于正常，超过基线就属于异常。生活中这样的事情非常容易观察，如果一个人平时总是小声说话，甚至显得有气无力，那么当他突然间大声说话，态度恶劣时，这种变化必然是愤怒所致。如果一个人走在路上向来是抬头挺胸、昂首阔步，那么当他突然低眉顺眼、瑟瑟缩缩时，大概是由于他遇到了挫折，或遭遇了不幸。

当然，心理学研究过程没有日常观察这么简单。当需要在仪器设备上建立基线反应时，甚至显得有些复杂。计算机软件能够判断眉毛上下变化的距离多远是基线反应，多远就超过了基线反应，不过计算机也有应付不过来的时候。

如果被试剧烈地摇头、点头、晃动，微动作就很难分析。另外，摄像机拍到的人脸如果有角度扭曲，也会给分析工作造成困难。可是，一旦实验者向被试提出要求，如“不可以剧烈地摇晃头部”“不能露出过度狰狞的表情”，势必会导致被试者做出的反应僵硬，且不是最自然的表现。

人工分析会避免这类情况，面部表情及身体姿态的任何细微变化都逃不过人的眼睛。但是，人工分析中人的主观性太强，还会受到情绪、疾病、感情等因素的干扰，因而也不符合“科学研究”的要求。

如此看来，仅仅进行情境确认、搜集被试者的背景信息、捕捉微动作等是不足以建立基线反应的，还需要更精密的方案设计和严格的实验控制。像莱特曼博士那样，只要站在一个人的面前，东拉西扯地交谈 5 分钟就能确立基线反应，有点太玄乎了。

第二章

百变的手部信号

在社交场合中，手是传情达意的工具，和眼神、面部表情组成搭档，准确地传递出一个人的意图。手势的运用有很多讲究，简洁明确是其中一点。手势要简单，让人一下子就能明白，同时根据手势领会其意图。含糊不清的话，容易造成误会，让人陷入难堪或尴尬的境地，这是大多数人不愿意看到的。如果错误地使用手势，后果会更加严重。

搓手搓乱了心

人们常说，眼睛是心灵的窗户，眼睛的运动和眼神的变化能够透露人的真实内心，但是，能够展现一个人所思所想的不仅仅是眼睛，还有手。相比眼睛，手能做出千变万化的动作，貌似不容易被人发觉其指代的真实意图。实际上，手上的小动作是最没法欺骗人的，盯着一个人的手看，就像拿着一台显微镜，其内心的想法立刻显露无遗。

从孩童时期开始，人就学会了搓手的动作。如果你拿着一个玩具，或一块糖，示意儿童“这是要给你的哦”，你会发现，他开始下意识地搓自己的手掌，然后朝着你笑。这个动作一直被保持到成年之后，成年人在下赌注、掷骰子时，也会搓手。企业的老板在年会上鼓舞士气，号召大家在新的一年里大干一场时，也会不自觉地搓起手来。

在寒冷的天气里，人们用两只手掌互相摩擦生热，会让手掌感到暖和一些。不仅是人类懂得搓手，动物也会“搓手。”网络上曾经出现过一只“南京搓手猫”。一只流浪猫把两只前爪放在肚子上，就像人搓手一样，把左右爪搓来搓去。猫咪搓爪的现象并不常见，有人觉得“它一定是冻坏了”，“搓手是为了取暖”。

实际上，猫咪如果感到寒冷的话，会全身蜷缩成一团，是不会半站着，将腹部露在外面的。猫咪在爪子上有伤的时候会搓一搓，以缓解疼痛。当然，也有另外一种可能——它怀孕了，习惯性地用爪子保护腹部。事实证明，这只“搓手猫”的确怀孕一个多月，“搓手”是为了保护腹部。

猫咪搓爪只是一个偶然出现的动作，在动物界，苍蝇最喜欢“搓手”。

当苍蝇趴在窗台上时，总是在“窸窸窣窣”地摩擦触手。那可不是什么休闲娱乐的活动，而是苍蝇在通过这种方式清理自己。苍蝇的触手是它的感受器，复合的眼睛、长毛的身体和腿也是苍蝇感受世界的通道，这些部位平时会沾上很多脏东西，如果不干净的话，会影响苍蝇飞行、爬行的灵敏性，因此需要不时地搓一搓，以保持干净。

好了，还是回到人类的搓手行为吧。在心理学上，搓手则有着抵御寒冷之外的丰富含义，作为一种减压的方式，搓手也常被小孩子使用，就像他们喜欢咬指甲、抓耳挠腮一样。心理学家费德曼称，搓手的心理秘密是对某些事抱有期待，期待成功或者心理的预期能够实现，而且这种期待是颇有自信的。

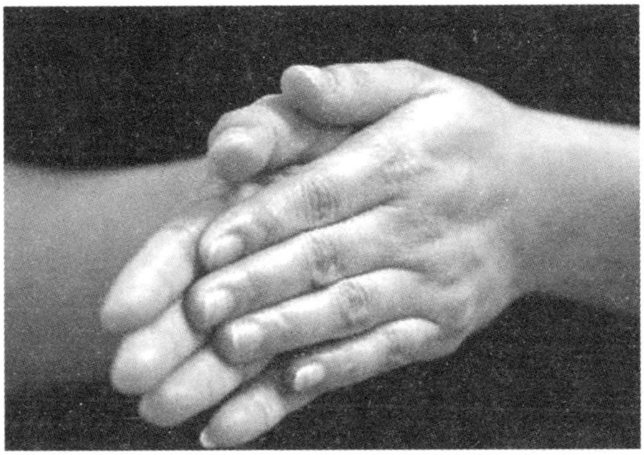

搓手动作

当然，搓手的动作有时也代表了紧张和不安。那些初次登台演讲的人，那些坐在 HR 对面接受面试的人，那些坐在手术室外等待消息的人，他们是如此不知所措，以至于不停地搓手。另外，人在感到不好意思的时候也会搓手。

搓手的速度表达了不同的心情。急速地搓手，表明心中急切，有一种跃跃欲试的心情；慢慢地搓手，说明当事人正处在需要做决定的时刻，犹豫不决，不知道要如何取舍。比如，你递交了一份企划书给主管，如果他飞速地搓手掌，然后抬起头来，在他开口之前，你就应该分辨得出，计划顺利通过了；如果他慢慢地搓手掌，反复翻页，看来看去，那么你还是先做好心理准备，回去再熬上一晚吧。

搓手有时候会变成强迫行为的一种，就像不停地洗手、数数一样，在这里，搓手表达的是内心焦虑。这种行为在内心感到恐惧时也会出现，就像下面这则故事中的主人公一样。

大同是一位大二的学生，在某大学读计算机专业。他是家中独子，父亲是国企职工，母亲是一名会计。由于父母工作的原因，大同由奶奶带大。他从小性格内向，不喜欢和小朋友一起玩，喜欢一个人待着，胆子很小，很听奶奶的话。

升入中学后，大同回到了父母身边。由于十几年的养育亏欠，父母很溺爱他，大同提出的任何要求，父母都会无条件地满足，他的日常生活全部由母亲负责，吃饭、穿衣，他什么都不用操心。不过，大同的父亲管教孩子的方式比较粗暴，平时话不多，但也算和颜悦色，一旦大同犯错误，父亲就会雷霆暴怒，非打即骂。

整个中学阶段，大同除了沉默寡言，和其他孩子没什么两样。升入大学后，大同从朋友那里收到一张恐怖的照片，照片上是一个女鬼狰狞的面孔——实际上是同学在化装舞会上的照片，经过了 PS 处理，专门用来搞恶作剧的。看到图片的瞬间，大同吓了一跳，他感到非常恐惧，心脏突突地跳个不停。那天晚上，大同整晚没睡，脑子里想的都是照片上恐怖的人脸。

从此之后，只要想到那张照片，大同就心跳加速，出冷汗，浑身发抖，白天时和同学在一起，注意力被分散，大同能好过一点，到了晚上，各种症状开始出现。每到恐惧时，大同就搓搓手掌，还真的有些效果。后来，大同一躺在床上就不停地搓手，以获得内心的宁静，但他一晚上只能睡两三个小时。

在同学的询问下，大同倾诉了自己的内心感受，觉得舒服了些，但只要提到那张照片，他就开始眼神飘忽，说话的语速变快，不停地来回搓手，还会重复一些已经说过的句子。当他在老师的劝说下找心理医生寻求帮助时，距离他看到恐怖照片的那个晚上已经过去了三个多月。大同整个人憔悴了很多，眼睛浮肿，头发凌乱，面色苍白，好像遭受了长期的痛苦折磨一般。医生观察了他的情况，诊断为恐惧症，反复搓手则是由于恐惧造成的强迫行为。

说一点搓手的题外话。搓手是一个非常常见的动作，除了内心情感发生变化，洗手、擦手、烘干手时我们也会搓手。洗手时，沾湿手指，抹上肥皂或洗手液，搓一搓产生泡沫，清洗掉手上的细菌。在使用干手器时，人们也会习惯性地搓搓手，为了使水分蒸发得更快，手干得快一些。

然而，实验证明，一边用干手器一边搓手，意味着手白洗了，因为洗完手后，手上的细菌会被烘干机吹走，如果在烘干过程中搓手，则会将毛孔中的细菌带到皮肤表面，使细菌增加，结果洗了跟没洗一样。相比干手器，纸巾能够轻易地擦掉手上的细菌，快速而有效。

看了这样的研究，生产干手器的公司和生产纸巾的公司一定是有人欢喜有人忧了。出于健康的考虑，洗完手在烘干机下老老实实地烘干就好，至于搓手，大可用在其他方面。如果你时间紧急，又不好意思催促对方快一点，不妨把双手掏出来，煞有介事地搓一搓，不必使用口头语言，对方就会感受到你的焦急。不相信吗？找个朋友试一试吧。

握握手、交交心

原始时代，人们见面握手是为了表达善意。古人的兵器都是棍棒、石头，外出打猎时，握在手里以防不测。因此，陌生人相遇时，为了表达友好，双方就会放下手中的东西，让对方看看掌心，两人互相摸摸手。久而久之，这一习惯流传下来，演变成了今天的握手。

诺基亚的著名标识“Connecting People”

不过我国的传统礼节更多的是见面时行抱拳礼，即作揖。这种动作在今天的古装片中还可以看到。古人相见时，抱拳的同时深深地鞠躬；身份相同的人也行抱拳礼，但免去了躬身的动作，以示尊重。作揖较多见于受汉文化影响的人群中，不同民族的习俗也不太一样。

握手如今已经成为世界范围内广为熟知的礼节，也是国际通用的礼节，在各种商务、公务和普通的社交场合，握手被人们频繁地使用，各国元首在会面时都会行握手礼。两人见面时，握手是表示友好的常用动作。不过，有多少人真正了解握手的规矩，明白不同方式、不同力道的握手表达的是不同含义？英国的一项调查发现，超过 70% 的人在握手时存在疑惑。

在面试时，得体的服装、平易近人的表情和肢体动作等都会给面试者加分。心理学家发现，和这些相比，如果面试者能够和考官握个手，稍微用力一点，得到的评价会更高。这样的举动给人留下的印象是从容、自信、值得信任。尤其对不经常握手的女性来说，一个颇有力道的握手效果会非常明显，能给自己加不少分。

陌生人初次见面时，握手是第一印象中的关键因素。不少人因为握手时表现出的坏习惯，给对方留下了糟糕的印象。比如，握手时手心出汗、手腕无力、握得太紧、握手时没有眼神接触等，有的人则搞不明白握手的最佳时机和持续的时间，造成双方的尴尬。

完美的握手方式是这样的：先伸出右手，完整地握住对方的手；坚定而有力地挤压，不可用力太过，否则会传递错误的信号；确保手掌干爽，均匀摇动三下，时间不超过三秒钟；伴随眼神交流，面露微笑和贴切的称呼，打招呼。

客人离开时，主人不应该主动伸出手来握手，这样做有逐客的意思；男性不应该双手握住女性的手，握手的时间过长，会让人觉得轻浮，还有占便宜的嫌疑；看望老人，握手要轻，时间可稍长些，让老人感受到关爱；强壮的男性之间可以增加握手的力道和摇动幅度，以展现彼此强壮有力的一面。

在涉及政治较量的场合，握手更被看作一种信号，友好或交恶，接纳或拒绝，主动或被动，往往在握手的那一瞬间完美地体现出来。

初次见面时握手，久别重逢时握手，不管是谁伸出手来要和你握手，如果你不把手伸出去，显然是不礼貌的。与人握手时，握得较紧，时间较久，显示出热情和真诚，会给人留下深刻的印象。相反，如果握得比较松，或者仅仅是轻轻地碰一下，且没有眼神交流，就会给人糟糕的印象。

美国化妆品行业的女企业家玫琳·凯年轻时，在一家公司当推销员。有一次，为了和销售经理握个手，她排队等了3个小时，结果，销售经理只是用手稍微碰了她一下，连看都没看她一眼。这次经历让她非常伤心，她想："如果我成为销售经理，有人排着队等着和我握手，我一定会集中精力看着站在我面前的人，认真地和他握手，不管我已经多累。"

退休之后，玫琳·凯创办了自己的化妆品公司。她没有忘记当年的冷遇，在公司里只要有与人握手的机会，她都会特别注意，即使是低级别的员工，她也会友好地、全神贯注地和对方握手，将自己的真诚和热情传递给员工。她相信，这个简单动作传递出来的真诚比长篇的会议宣讲更有效果。

握手能折射出一个人的修养。如果一个人与人握手时，右手伸出来了，左手还插在口袋里，很显然此人毫无诚意。如果缺乏眼神交流，还东张西望，会给人无礼、傲慢的印象。如果握得太紧，或者生硬地摇动，则只会令人不悦。

曼丽是一位房产公司的副总，她是一位女强人，同时也是一位热情、敏感的女性。有一天，曼丽接待了一位建筑材料公司的主管。这位主管是一位刚过而立之年的男士，人们称他张经理。曼丽的助理简单介绍后，离开了办公室。

曼丽从椅子上起身，绕过办公桌，面带笑容地走向张经理。张经理笑着打招呼，伸出手来准备和曼丽握手。曼丽停顿了 1 秒钟，带着笑容和他握了手，请他坐下详谈。15 分钟后，张经理被曼丽送出办公室。此后，他再也没有收到曼丽的邀请，材料供应的合同也告吹了。

张经理哪里做错了，导致两家公司合作失败了呢？还是他做了什么事，惹曼丽不高兴了呢？原来，是他的商业礼仪课没学好，触碰到曼丽的敏感神经了。作为一个年龄和职位都低于曼丽的后辈，张经理给曼丽留下的印象是“不懂礼仪，毫无风度”。初次见面，他就主动伸出手来，让曼丽上前握手，姿态就像是一个高高在上的总裁。

此外，张经理握手时给人的感觉毫无生气。他的手掌冰冷，就像一条死鱼，毫无热情，更感受不到真诚。作为一个销售经理，连基本的握手都搞砸了，很显然他没有接受过系统的职业训练，这样的人能够担任销售经理，可见这家公司的管理层素质不高。和这样的公司合作，如何保证他们提供的材料质量合格，价格公道呢？可以说，张经理用 3 秒钟就搞砸了一次合作计划，可见握手礼的重要性。

握手能够判断一个人是否具有基本的礼仪修养，心理学家和身体语言专家都认为，通过握手还能判断人的性格。陌生的同性之间，主动握手的人性格坚定、热情，人际交往的经验比较丰富；喜欢让自己的手心朝下，压在对方手上的人支配欲望比较强。

1960 年美国总统大选期间，肯尼迪和尼克松通过电视转播进行了竞选辩论，两人握手时，肯尼迪选择的便是将手心朝下，压在尼克松的手上。这次电视辩论为肯尼迪树立了年轻、有力量的形象，相比较之下，尼克松的形象则一落千丈，被选民认为是憔悴的、无力的、不值得信任的。

握手时，手心汗淋淋的人容易感到紧张和焦虑；过度握住别人的手，好像要把对方的骨头捏碎的人性格粗犷，有时显得莽撞；握手时毫无反应，除了不懂礼仪或有意冷淡、让人难堪之外，可能是由于性格封闭、内向，不喜欢与人进行情感交流。

世界上最令人憎恶的握手方式就是“死鱼式”握手。这种方式让人立刻感觉到被拒绝、被排斥，也是最没有礼貌的握手方式。虽然不是每一个用“死鱼式”握手的人都是这样的性格，但至少他们留给别人的第一印象是这样的。受首因效应的影响，第一印象往往很难改变，如果给他人留下的印象非常糟糕，往往难以弥补。

左右手的交叉方式

先师孔子行教图

唐代画家吴道子曾经为孔子画了一幅《先师孔子行教图》，画中的孔子雍容大度，身体稍稍前倾，头扎儒巾，双目看向前方，飘逸的须发透出圣人的智慧。双手交叉，放在胸前，一副谦卑有礼的样子。

画中孔子所做的手势是“天揖之势”。天揖之势是古代的士之间的相见礼，天揖之势要求身体微微鞠躬，双手交叉前伸，放在全身最前面。男子左手在前，女子右手在前，以表虔诚、谦恭之意。此“天揖之势”恰好表现出为万世师表的孔夫子尊师重教且平易近人的姿态。

古代的左右手交叉代表一种礼仪，现代人的左右手交叉，或者十指交叉代表的则是不同的性格和心理状态。让我们先来做一个心理测试。

请认真按照提示去做，不要多想，不要犹豫，凭第一感觉和平时的习惯去做，这样出现的结果才是最真实、最准确的。现在我们开始：伸出双手，手指交叉握起来，就像祈祷那样。现在看看你的双手，处在上面的是左手的拇指还是右手的拇指？也就是说，是右手拇指压着左手拇指，还是左手拇指压着右手拇指？

右脑使用者的动作

现在公布结果：如果是左手拇指在上，说明你是右脑使用者，偏重感性，做事容易凭直觉，易动情，对别人的神情、姿态有很大反应；如果是右手拇指在上，说明你是左脑使用者，偏重理性，做事爱分析，不冲动，做事逻辑性很强，容易被别人的言语打动。

你可能觉得这个测验是无稽之谈，左脑右脑不是我自己控制的吗，随便做一个动作又能代表什么呢？那你不妨改变一下目前的姿势，将左手拇指放在下面，或者将右手拇指放在下面——是不是觉得非常不习惯，觉得不舒服？那就对了。

其实，这个测验确实也不是标准的科学测验，你大可把它当作游戏玩一玩。不过，按照肢体和大脑半球的交叉对应，左半球负责肢体右半部，右半球负责肢体左半部，左脑偏重逻辑思维，即所谓理性；右脑偏重形象思维，偏重感性，实验得出这样的结论似乎也有点道理。实际上，每个人都是同时存在理性思维和感性思维的，区别只在于比重大小。对于左撇子的人来说，感性和理性好像没有什么区别，而且，这个动作是可以练习的，只要动作熟练，哪根拇指在上都没有特别的感觉。

手指的随意交叉并不是只有理性、感性这么简单的区分。手指随意交叉的方式不同，有着不同的内心根源，内心焦虑、紧张的程度和十指交叉后手的位置有关。十指交叉，将胳膊肘立在桌子上的人，内心非常自信，做出这种手势的同时，还伴随着微笑和幸福的表情，这种人比较难领导，不喜欢被人指挥。如果一个人在陈述计划或者谈判过程中，呈现这样的手势，会给人强势、自信的印象。

有时候，这样的动作也用来表示焦虑和紧张不安。发言人在心平气和或者侃侃而谈时，常做出双手交叉放在桌面上的动作。乍一看，这个动作表明其很自信，但心理学家认为，这是一种表示心里不安的手势，目的是掩饰消极的态度。

十指交叉，胳膊肘立在桌上，同时遮住一半面部，此人并不是在表达自满，而是试图隐藏自己的感觉，同时也有对抗的情绪存在。这是一个敌对动作，这个动作传达了“我不想听”“我已经不耐烦了”等消极情绪，表明对对方说的东西不感兴趣。

如果双手突然松开，身体前倾，是表达自己观点的征兆，或者想要离开，但是碍于面子，不好明说。如果立在桌子上的双手手掌打开，意味着敌对的、不友好的气氛已经建立起来了，谈判或者商谈都很难顺利、愉快地进行。

如果对方将十指交叉放在胸腹之间，说明此人已经下定决心拒绝，继续沟通也是于事无补。除非采取行动能够解除十指交叉的手势，否则对方无法接受任何想法和观点。如果越往下进行，交叉的手指压得越紧，手指被压得发白，好像手指骨摘不开了，则说明此人正经历心理上的溃败，情绪是沮丧、低沉，甚至怀有敌意的。如果对方将十指交叉放在大腿上，拇指指尖相顶，说明此人陷入了尴尬境地，不知道如何自处，或者谈话内容让他感到进退两难。

十指交叉，一只手抚摸另一只手，说明内心焦虑不安，大脑正处于高压状态。如果想开始沟通，最好首先获得此人对你的信任，这样他才能对你敞开心扉。总之，当对方做出十指交叉的动作时，不要觉得那是一个不经意的、没有任何含义的动作。和言语相比，通过手势传达出来的内心想法更加真实。

肖敬是一位警察，主要负责侦查金融诈骗一类的案件。面对头脑灵活、心理素质高的诈骗分子，审讯过程会非常艰难。他们态度很好，有问必答，但从来不涉及和案件有关的内容，有的嫌疑人能将假话说得滴水不漏，即使肖敬明知那是假话，也找不到破绽，分辨不出哪句是真，哪句是假。

办案次数多了，经验丰富了之后，肖敬学会了另外一种审讯的技巧——看嫌疑人的手势。在调查一起银行金融诈骗案件时，肖敬选在一间装有好几台摄像机的审讯室里进行审问，摄像机能够清晰地记录嫌疑人的一举一动，表情和手势变化都会被捕捉到。

通过背景调查，肖敬发现这位嫌疑人有一位在国外念大学的女儿，而他诈骗的款项可以用来供女儿念书和在国外生活。肖敬觉得这是一个突破口，于是决定从这个点开始。审问结束后，肖敬反复观看录像，结果发现，嫌疑人的手势前后发生了变化。

在回答基本信息时，嫌疑人的双手自然地放在腿上，而回答关于他女儿的问题时，嫌疑人依旧沉着冷静，眼神坚定，回答的话语也没有任何破绽。但是，嫌疑人手的姿势从自然下垂变成了十指交叉状，并且紧紧地放在大腿上。

当肖敬要求其复述如何帮助女儿办理出国留学的手续以及如何每个月按时汇钱给她时，嫌疑人的双手十指交叉握在一起，而且越握越紧，以至于他的手指都开始泛白了，十根手指像被焊在一起一样动弹不得。看得出，他为自己的行为感到沮丧和羞愧，从而产生了类似自罚式的心理。

总之，嫌疑人做出十指交叉的动作时，内心正经历剧烈的情绪变化，十指交叉是为了掩饰内心的真实想法。在双方交谈中，十指交叉，双手紧握，往往证明此人内心已经产生挫败感，开始自我否定。如果是在谈判桌上，对方出现这种动作时大可乘胜追击，一举占领上风。

双臂交叉抱于胸前

和上文的心理测试游戏相承接，现在，请你交叉双臂，放在胸前，不要想无关紧要的事情，平时怎么放现在就怎么放。好，1、2、3，看看你是左手臂在上，还是右手臂在上？揭晓答案：左手臂在上的人传达信息时先使用右脑，右手臂在上的人传达信息时先使用左脑。对比一下之前的测验，看看你的结果是否和之前一致？

此测验有一定的科学道理，在这里仅供娱乐，我们还是来说说交叉双臂在心理学上的含义吧。站立时，每个人的姿势都不一样，有人喜欢双手自然下垂，有人喜欢将手插在衣袋或裤袋里，有人则喜欢将双手交叉抱于胸前。一般的说法是，喜欢将双手交叉抱于胸前的人叛逆性比较强，容易忽视对方的存在，犯有自负、自大的毛病。

实际上，对这个动作的解读有很多种，根据不同的场合，代表的含义有所不同。对于女性来说，双手交叉于胸前是出于自我保护意识，胸部是女性身体最柔软的地方，这个动作会让女性有安全感。当然，这个动作容易导致沟通不畅。因为它给对方留下了消极、间接侵犯的印象，仿佛在不经意间告知对方“我对谈话内容根本没有兴趣”或者“我不同意你的观点”。

习惯将双臂交叉抱于胸前的人，基本上属于防卫型的人，对他人缺乏信任，自我保护欲比较强，喜欢独处，即使和许多人一起活动，也会选择安静的地方待着。这种人很容易给人孤傲、难以接近的感觉，即使内心渴望，行为上却表现出拒人于千里之外的感觉，因而丧失了交际的机会。

当男性向女性表达爱慕之情时，如果女性不想接受，她就会下意识地双臂交叉抱胸。识趣的人会马上明白其中的意思，知难而退，不识趣的人莽莽撞撞地继续纠缠，只会迎来无情的拒绝，甚至争吵。

在拥挤的地铁、公交或者电梯里，有很多人守在一个角落里，双臂抱在胸前，或者抱着几本书，或者将书包抱在胸前，这个姿势是在告诉别人：不要靠近我。这些动作和双臂交叉所蕴含的意思是一样的，即传递排斥、敌意，不想让别人靠近的信号。

另外，对某件事抱有极大的信心，或者做某事成功后沾沾自喜时，双臂交叉抱于胸前的动作也会出现，这里代表的含义是“看，我多厉害，这么难的事我都做成了”。一些具有强烈取胜欲望、乐于挑战的人也喜欢做这个动作。

励诚从美国留学归来，没过一个月就被父亲安排参加股东大会。被他喊作叔叔、伯伯的股东们表面上欢迎他加入公司，心里对他的能力却都有质疑，对他父亲直接让他进入公司管理层也有些不满。

公司里的反应，励诚早已预料到。之后，他向父亲提出，要作为一名普通的员工进入公司，从基层做起，积累足够的经验之后，再接替父亲管理公司。他的想法得到了父亲的同意，于是，励诚进入市场部，负责一个开发新客户的小组。不过，这个小组的成员只有他一个人，其他人则需要他自己招聘。

励诚从投简历的求职者中选择了十几个人，安排时间叫他们到公司面试。面试当天，励诚没有按照惯例询问求职者的工作经验，而是让十几个人站成一排，对他们说明小组工作的目标和难度，最终，励诚留下了六个人，这六个人后来成为公司里的“拼命六人行”。他们挖掘出许多重量级的客户，完成了许多看似不可能完成的任务。

励诚凭借“拼命六人行”的出色表现逐渐在公司里树立起了威信。有一天，父亲问他：“没想到，你看人还挺有眼光的。可是，我记得你招聘那天挺胡闹的，你是怎么知道这几个人就是做市场的人才呢？”

“其实，我用的方法挺简单的。我的任务就是开发新客户嘛，那么需要什么样的人呢？敢想敢干敢挑战的人最重要。这些信息自然不是看看过去的工作经验就能发现的。那天，我跟所有人说了工作难度和目标，而且重点强调了这份工作很难做，结果，一半的人都低头退缩了，只有这六个人，双手交叉，抱于胸前，表现出强烈的挑战欲望，这样的人最适合做市场。”

“你的眼光不错，和这样的人一起共事的确非常有效率，每天像打了鸡血一样，充满干劲，激情沸腾，但我也要提醒你一句，这样的人自我保护意识比较强，而且看重个人利益。你要小心，有一天他们会为了一己私利损害你的利益，甚至公司的利益。”

“放心吧，我会小心的。”励诚说。

一份来自美国的研究证明，交叉双臂这个动作会影响倾听。研究人员将实验参与者分成了两组，让他们去听讲座，听的内容完全一样，但是听的姿势不一样。第一组参与者听讲座时保持双腿、双臂放松，不交叉双臂，也不跷二郎腿；第二组人在听讲座的过程中则将双臂交叉在胸前，跷着二郎腿。

研究者发现，第二组人对讲座的内容比较挑剔，常常反驳演讲人的观点；第一组人则比较温和，反对意见也少。演讲结束后，研究人员对两组参与者进行了反馈调查，结果发现，第一组参与者掌握的讲座内容要比第二组多38%。研究人员最终得出结论，人在保持轻松时，倾听的效果更好。因此，如果你想认认真真地听讲座，就要保持放松、自然的姿势。

尽管双臂交叉的动作有时代表不同的含义，但全世界对交叉双臂的理解基本相同，即否定和防御。双臂抱于胸前，就好像在自己与他人之间筑了一道墙，将不喜欢的人和物挡在了外面，传递给他人的信息自然是负面的。不管是认识的人，还是不认识的人，只要他在你面前摆出双臂交叉于胸前的动作，就会给人糟糕的感觉。有研究显示，男性领导人物对双臂交叉的动作青睐有加，似乎在强调他们的威严和不可侵犯。

如果你置身在陌生人之间，排队等结账、在医院里等挂号、飞机晚点等登机或者在商场等电梯时，觉得时间漫长、不耐烦时，会双臂交叉，摆出这种姿势，身边的人就知道你对目前的状况很不满。有的人会在不耐烦的时候交叉双臂，同时两只手抓紧胳膊，在社交场合，这也是不满的信号，证明他们对谈话内容不感兴趣，为了避免场面尴尬，最好的方法就是转换话题。

双臂交叉且握紧拳头，代表着内心的焦虑和不安，是做了亏心事，感到心虚的表现。如果一个人在双臂交叉的同时握紧双拳，表达的是敌意的、防御性的态度，伴随肢体动作，这个人还会咬紧牙关，脸部发红，证明他已经被某件事激怒了。

一位FBI调查员曾负责调查某篮球明星打假球的案件。调查员到球场找到这位球星，球星怀里抱着篮球走来，表情不太自然。调查员接过篮球，随手拍着，球星双臂交叉、握紧拳头站在一旁。调查员询问了他几个问题，球星回答得很流利，没有什么破绽。

调查员对这次询问结果并不满意，因为球星对他有强烈的防御意识——从球星的身体动作中可以看出来，这导致调查没有一点收获。反过来想，他对 FBI 的调查存有敌意，也证明他肯定做了亏心事，内心感到焦虑不安。

考虑到这是一位脾气很臭的球星，询问太过直白只会把场面搞僵，影响进一步的调查，这位调查员觉得用循序渐进的方式逐渐了解情况效果更好。果不其然，经过接下来的逐步调查中，球星终于露出了马脚，承认了他受贿打假球的事实。

不管是哪种交叉双臂的姿势，只要出现，就是不好的暗示。你和对方交谈，如果对方摆出了这种姿势，你完全可以判断，你的观点引起了对方的不满，即使对方口头上附和，心里也是否定的。这时，如果你继续夸夸其谈，只会让自已陷入难堪的境地。改变对方这种防御姿态的方法很简单，递给他一杯茶或者一盘点心，迫使其展开双臂，改用一种开放的姿态，这时，你可以适时地重新进入主题。

手指姿态的变化

手势是人们最常使用的身体语言，手掌和手指结合而成的动作也会透露很多重要的信息。人们在交谈时，不可避免地会使用手势，有的人还有固定的谈话手势，好像不摆出相应的手势，话语就会失去影响力一样。不管是表达自己的想法，还是要了解别人的看法，手势都有着不可忽视的作用。

最新的一项心理学研究表明，手势在沟通方面的确提供了线索，甚至能够通过动作暗示，改变人的想法。美国芝加哥大学的心理学家设计了一个实验，想看看人的手势是否会影响思想。他们用印度一种古老的益智玩具“汉诺塔”进行实验。

印度有这样的传说，上帝在创造世界时，做了 3 根金刚石柱子，而且在其中一根柱子上从下到上，按照大小顺序摞着 64 片黄金圆盘。上帝命令婆罗门将圆盘从下面开始，按照大小顺序重新摆放在另一根柱子上，规定：小圆盘上不能放大圆盘，而且，一次只能移动一个圆盘。

汉诺塔

实验者请参与者进行“汉诺塔”游戏，结束后，他们会被带到另一个房间，在那里，他们向实验者解释自己是如何完成游戏的。由于游戏很复杂，参与者必须借助手势说明，这正符合实验者的意图。为了增加参与者使用手势的机会，他们将“汉诺塔”的圆盘变重了，即使是最小号的圆盘，也需要两只手才能挪得动。

这下可好，那些在描述步骤时使用一只手做手势的志愿者，花费了很长时间才将游戏玩完，并且他们所花费的时间要比使用双手做手势的人久。事实上，一个人对单手手势的依赖性越强，他做事时所需要花费的时间也越长。

很显然，人们通过手势记住一些东西，一旦遇到临时的干扰，大脑会变得“束手无策”。手势是人类行为的一种特殊的形式。由于手势对人的影响是间接的，因此它的作用很难被意识到。心理学家认为，手势将大脑中的思想形象化，使动作参与到大脑活动中来。如果真是这样，教师大可在教授数学、物理、化学知识时使用手势，帮助学生理解一些抽象的概念。

在日常生活中，手掌和手指的变化代表了不同的含义。手心向上的姿势表示妥协、祈求、无奈和坦诚。谈话中的一方手心向上摊开，表达自己的无奈。做出这一手势的一方必然处在劣势。手掌翻转，其含义也随之改变。手心朝下的手掌是一种权威的表现，给人传达的是一种强势的信息。公司的领导在对员工训话、安排工作时，常常配合这一手势，常用的姿势是手掌伸到胸前，保持手心向下。如果一个领导者每天用手心向上的姿势指导工作，员工会觉得这位领导很窝囊，能力有限。

为什么手心的一个翻转，就会出现如此明显的区别呢？阿拉巴马大学的心理学家威廉·卓别林通过研究人们握手的方式解答了这个问题。他发现，那些外向的人喜欢用手心向下的方式与人握手，乐于接受新鲜事物、新思想的女性也热衷于此；相反，害羞敏感的人则不会这样。情侣间的牵手也代表了一种引领与跟从。在上面的手，即手心向下的一方通常引领方向，做出决断，而下面的手是手心向上的，习惯跟随上面的手摆动，代表跟从、服从。

手握成拳头，伸出一根手指留在拳头之外，这个唯一突出的手指凝聚了整个手掌的力量，一触即发。说话时，这根特别的手指指向对方，被指的人立刻会感到压迫感。日剧 *Legal High* 中的古美门律师每次在庭辩时都会自信满满地握紧拳头，然后竖起食指，并且带着这根手指冲向检控官（与我国检察官类似）和陪审团，告诉所有人法律是唯一的逻辑，这个动作也成为他雄辩力的标志。

Legal High 中古美门律师的标志性动作

这个手势代表权威，同时具有挑衅的意味。在平常的交往中，这个动作会给人负面的印象，让人产生抗拒心理。如果在讲话的过程中出现这个手势，对大多数人来说，则是进行攻击的前奏。

用手指敲打桌面，或者在纸上乱涂乱画，代表对对方的话题不感兴趣，不同意对方的观点或者已经对这次谈话不耐烦，这是一种打发无聊时间的动作，也是给对方的一个暗示。就像到朋友家做客不能敲击碗筷一样，谈话中用手指敲击桌面是欠缺修养的举动。

手指尖合并的手势很少有人做。这个动作代表自信、优越感，一般领导喜欢做这个手势，尤其是和下属单独交往时。这个手势也有消极的色彩，当手指尖合并伴随双臂交叉、双腿交叉及漠不关心的表情时，显然沟通受阻，需要双方改变话题或者交谈的方式。如果是销售人员在向潜在客户介绍产品，沟通期间出现这样的情况，应该马上停止介绍，建议客户下订单或者介绍其他产品。

政治家的举手投足都被聚焦在镁光灯下，因此，他们在任何场合做任何行为时都会仔细考虑，哪怕是拍个照片，都会选择适当的姿势，表达一定的诉求,同时不至于引起他人的误会或反感。一位英国记者发现，许多政客在公开场合拍照时都喜欢伸出手臂，将手指指向天空的某个地方——尽管天空中什么都没有。这个姿势被各国的政客使用，彼此像约定好了一样。

心理学家认为，这个姿势不过是用来虚张声势而已。政客们希望自己不至于像个多余的傻瓜，而是一个真正的领导者，抬起手臂、昂起头的姿势无疑让人显得更有活力，眼睛向远处望去，显得他们更有远见。

特警行动中的手语

手势的不同变化被应用到不同职业之后，具备了手势本身之外的特殊含义。在网络上红极一时的“航母 style”便是手势与身体动作应用到具体领域中的例子。“航母 style”是航母舰载机起飞时，指挥员做出的指挥姿势。指挥员身体半蹲，右手握拳，伸出食指和中指，手指指向飞行甲板的前端，其含义是“允许起飞”。

航母 style

“航母 style”只是军事作业指挥中的一个手势，在军事行动中，更多的手势具有传递信息、指挥作战的实际意义。需要作战指挥的其他职业，比如交警、消防员、吊车指挥员同样有一套自成系统的手语，从事这些职业的人常常需要在嘈杂的环境中工作，说话时发出的声音不容易被他人听清楚，可能造成理解上的歧义，于是，干脆、利落的手语就成了彼此沟通的信号。

如果说这个世界上有谁将手语的作用发挥到了极致，那除聋哑人外，就是特警部队了。特警是担负特殊任务的警察，是警队中的特种部队，也是警察中的精英人士。他们专门负责危险的任务，比如解救人质、围攻恐怖分子、逮捕带有武器的匪徒等。

特警部队在执行任务时，普遍使用一套系统的指令手语，靠喊话组织作战的形式已经成为历史。特警的每一个动作都有其独特的含义，比如用左手卡住自己的脖子，意思是人质；用左手握住右手的手腕，意思是犯罪嫌疑人；拇指和食指成 90 度伸直，意思是手枪；高举手臂，则代表步枪。

特警作战时可能用到的所有词汇，除了 0 ~ 9，你、我、男性、女性、成人、小孩、窗户、武器、前进、上、下、集合等词汇，全部可以用手势表达出来。用手指指向自己的胸膛代表“我”；指向战友代表“你”；手指间紧闭，水平放置手掌于前额上代表“看见”；紧闭指间，伸开手臂，横向身后摆动，像在拨开窗帘的动作代表“进入”；略微屈曲手臂，掌心向上，举至肩膀高度，并耸耸肩代表“不明白”；手举至头上，屈曲手肘，掌心盖着头颅顶代表“掩护我”；手臂向身旁伸出，手部抬起至肩膀高度，掌心向下代表“成人”；手臂向身旁伸出，手肘屈曲，掌心向下固定置于腰间代表“小孩”。

特警的这些手语都是用一只手来完成的，因为他们必须腾出一只手来拿武器。作战时非常紧张，特警需要时刻监视危险源，如果要向战友发送信号，不可能直接面对战友，也不可能不断转过身来给后方提供信息，因此，能够简单、直接地传递信息的手势至关重要。有趣的是，特警手语是全世界通用的，任何国家的特警在战斗中，即使语言不通，也都可以用这套手语进行交流。

在应用特警手语之前，特警在执行任务时只能按照习惯或者事前的约定进行交流，这会产生歧义，有时不得不开口讲话，这样也非常容易暴露行踪，让犯罪嫌疑人察觉。对于那些平时不熟悉，彼此没有建立默契的特警来说，不出声地表达一个“不要出声”的意思都要手忙脚乱地比画半天，不仅麻烦，还可能给特警本人带来危险。

在解救人质的过程中，特警手语的作用显得尤其重要。作为一位有着 8 年工作经验的特警，吴双对此深有体会。在他刚刚过完的 30 岁生日那天，他就和战友解救了一个女孩子，指挥过程全部使用手语。

吴双原本和女朋友约好一起过生日，临近下班时，队里突然接到电话，在市中心的S酒店天台上发生了劫持人质事件。吴双带着10名队员前去救援。为了不惊动当事人，一组人穿上便衣，开私家车到达现场；另一组人携带武器，负责外围警戒。

吴双到了现场之后发现已经有200多人在S酒店对面的马路上围观。持刀男子则站在13楼的平台上，面朝着楼下，一只胳臂卡着女孩的脖子，一只手拿着刀，顶在女孩的腰部。楼下有民警与他对话，他却吼叫着："不要上来，上来我就杀了她。"女孩一直在哭，声音已经嘶哑。虽然暂时搞不清楚是怎么回事，但是吴双知道，救人要紧。

吴双和队友商量的对策是由两个人控制男子的右手，两人控制其左手和下身，另外两个人负责解救人质。10分钟后，吴双等人从人群中穿过，走上了S酒店的13楼。男子觉察到异样，准备将女孩带入房间。吴双分析，如果他将人质带入室内，解救工作会很难，对人质的威胁也更大，于是对登上平台的队友发出行动指令：吴双弯曲了手肘，握紧拳头，前臂指向地上，将手臂从身后向前方摆动了几下。楼上的队员马上领会了吴双的意思，六个人迅速从左右两边贴近男子，在距离不到三米时同时扑了上去。夺刀、上铐、搜身，一气呵成，解救人质的任务取得圆满成功。

原来，犯人和人质都是S酒店的员工，女的叫高恩，男的叫阿祖。年轻男女整日相处在一起，日久生情，便谈起恋爱来。但是，女孩子一直受到家里的逼迫，要求她回家定亲，为此，两人多次闹矛盾。很长时间里，高恩对阿祖避而不见，阿祖则经常去找她，两人没聊两句就会吵起来。

左手卡住自己的脖子代表人质　　手放在腰间代表小孩

高恩最终决定听从父母的意见，回老家定亲。就在高恩收拾好行李，准备离开时，阿祖将刀藏在了衣服里，最后一次去找她。如果高恩答应不回家，他们就和好如初；如果高恩执意回家，阿祖准备“给她一个一辈子都不会忘记的教训”。结果，高恩没有答应阿祖的请求，失望和愤怒交加的阿祖在高恩走出宿舍门口的瞬间，掏出刀架在了她的脖子上，一直将她拖到13楼的平台上，声称要“同年同月同日死”。

不知所措的双手

人在说谎时，语言完全是欺骗性的，如果光听对方在说什么，势必会上当受骗。幸运的是，身体动作在不停地出卖说谎者的内心，这让人们能够识别谎言，脱离骗局。说谎会使得人心跳加速，血压升高，继而出现一系列不自在的行为反应。脸红，出汗，双手不知所措，不知道应该放在哪里，一会儿挠挠头，一会儿搔搔耳朵，还可能会用手遮嘴、触摸鼻子、摩擦眼睛、拉扯衣领等，而这些小动作正是出卖说谎者的“元凶”。

说谎者会下意识地用手遮住嘴巴，好像在抑制自己说出谎话一般，用几根手指或者握紧的拳头遮住嘴，意思也是一样的。狡猾的人则会在咳嗽的同时遮住嘴巴，当然，咳嗽是假装的。对于发言人来说，不管是企业还是政府部门的发言人，发言过程中，如果看到有听众捂着嘴，代表听众不认可他们的发言内容，正在猜测发言人隐瞒了什么。这时候，最好的方法是停止发言，询问一下听众，以获得交换意见的机会。

触摸鼻子的动作就是手在鼻子的下沿摩擦几下，或者略微轻轻触碰。这个动作也代表着掩饰谎话。聆听者如果做这个动作，表示他对讲话人的话语存疑。为什么人在说谎时喜欢触摸鼻子呢？研究嗅觉、味觉的科学家发现，说谎会让人体分泌一种叫儿茶酚胺的物质，儿茶酚胺会引起鼻腔内部的细胞肿胀，引发鼻腔神经末梢的刺痒感。此外，说谎会导致血压升高，鼻子因充血而膨胀，也会有刺痒感，人们不自觉地、频繁地用手摩擦鼻子，是为了缓解刺痒的症状。

撒谎时的克林顿

克林顿用手势掩饰内心

美国的神经学者研究过克林顿就莱温斯基性丑闻事件作证时的表现，他们发现，克林顿说真话时很少触摸自己的鼻子，只要一说谎，他的眉头就会皱起来，开始频繁地触摸鼻子。在陈述证词期间，克林顿触摸鼻子的总数达到了 26 次。当然，触摸鼻子的手势不能全部被解读为对说谎的掩饰，分析时还需要和其他动作结合起来，如果将所有说话时捂着嘴、触摸鼻子的人都解读为说谎者，花粉过敏者和流感患者就太冤枉了。

不想看到某样东西时，小孩子会用手遮住自己的眼睛，不想目睹欺骗、怀疑和令人不愉快的事情时，成年人会摩擦眼睛。电影中最常用来表现伪善的镜头就是演员低着头，摩擦自己的眼睛。

在用摩擦眼睛的动作掩饰自己的谎言这一点上，男人和女人还不太一样。男人如果心里想着“我不想看到它”，手指就会触摸眼睛，使劲揉搓，相比之下，女人很少做这个动作。原因之一，揉搓眼睛会毁掉妆容；之二，这么粗鲁的动作一点都不符合淑女的要求。因此，女人在说谎时会将脸转到一边，避开对方注视的目光。

人们在歇斯底里地拒绝时常用捂着耳朵，大喊“我不想听，我不想听，我不想听”的方法，挠耳朵则是这一激烈动作的平和版。抓挠耳朵的手势很多，比如摩擦耳郭背后、掏耳朵、拉扯耳垂、把耳郭折向前方、盖住耳洞。抓挠耳朵的动作在不同的文化中含义不尽相同，在意大利，做这个动作的男人会被看成是女性化的人，甚至是同性恋。

人在说谎的时候还会抓挠脖子。用食指——通常是写字的那只手——抓挠脖子侧面位于耳垂下方的区域，代表着疑惑和不确定，如果一个人说“我完全赞同你的观点”，同时做出这个手势，那么可以断定，他并不同意你的观点。当口头语言和身体语言不一致时，身体语言往往是说真话的一方。

伴随着摩擦眼睛、抓挠耳朵、抓挠脖子的动作，说谎者还会拉扯衣领。一样的道理，都是因为说谎导致血压升高，使颈部出现了刺痒的感觉，当说谎者意识到自己被怀疑时，颈部还会出汗，拉扯衣领是为了消除刺痒和出汗引发的不适。

人们一般认为，说谎者出于不安和紧张，会不自觉地做出上述动作，在一系列的历史事实中，这一说法也被不断证实。不过，最新的研究表明，说谎者在试图掩盖事实的同时，也会有意控制眨眼、摩擦鼻子等动作，甚至刻意让身体静止。

人在说谎时会比平时更认真地思考，当人陷入思考时，往往会减少身体动作，以保持精神集中。研究人员发现，人在说谎时会做出一种标志型的手势——竖起食指表示“好”，伸出手掌向下表示“冷静”。这个手势在2003年被伊拉克新闻部长萨哈夫运用到了极致。

萨哈夫竖起食指表示“好”

伊拉克战争期间，身为伊拉克新闻部部长的穆罕默德·赛义德·萨哈夫每天都要在巴格达举行新闻记者会。他身穿军装、头戴贝雷帽、腰挎手枪出现在伊拉克的新闻部大楼，要么宣布政府声明，要么澄清不实消息。开战两个星期后，萨哈夫成为全球的电视明星，阿拉伯国家将萨哈夫的新闻发布会称为“萨哈夫秀”，像等待电视剧一样每天定时观看。

每当西方媒体报道美军兵临城下时，萨哈夫就出现在电视上，镇定地奚落美国的媒体：“他们（美军）在伊拉克根本没有立足之地。我们会用子弹和鞋来欢迎他们。”在阿拉伯的传统中，鞋子和脚都是肮脏的，用鞋子打人被认为是无以复加的侮辱。

萨哈夫的宣讲稿中充满了“雇佣兵”“歹徒”“蠢货”“小丑”等词汇，这些话让他成了一个骂大街的俗人。其实，教过英文，当过8年外交部长的萨哈夫具有知识分子的气质，非常善于嘲讽，尽管语言略显粗俗，但他那些骂人的词都是引用自阿拉伯文学作品。他嘲笑美国说："当我们建立法律的时候，当我们创造文学和数学的时候，布莱尔和小布什的祖宗们还在山洞里乱画呢。"

在美军正式开进巴格达之前，伊拉克因为萨哈夫的存在占据了宣传战的上风，他的行为也吸引了西方媒体的报道。"美军的巡航导弹在攻击伊拉克，萨哈夫的语言导弹也没有让联军领导人好受。"这是西方媒体给予萨哈夫的评价。"萨哈夫秀"让伊拉克在舆论上占据了上风，同时也让美国人陷入难堪，以至于美军用巡航导弹击中了伊拉克新闻部大楼时，萨哈夫不仅在宣传攻势上立了大功，而且在新闻发布会上用他那妙语连珠的发言隐瞒了真相。

2003 年 4 月 7 日，人们深信美军坦克已经进入巴格达城内。萨哈夫当天照例举行新闻记者会，美军坦克就在几百米之外，耳边不时传来枪炮声，但萨哈夫在新闻记者会上镇静地伸出手臂，手掌有力地朝向前方，不断强调："巴格达是坚强的，防卫森严而且是安全的。"谁都知道萨哈夫在说谎，但是人们不得不佩服他连续二十几天睁眼说瞎话的功力，尤其是在萨达姆政权的高官悉数出逃，唯独他一个人坚守在工作岗位的时候。

手插口袋的拿破仑画像

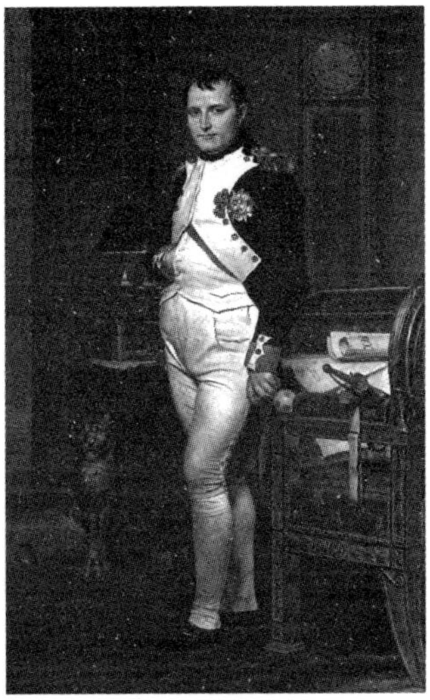

拿破仑画像

1812年，法国著名画家雅克·路易·大卫为拿破仑画了一张肖像画。肖像画的背景是书房，画中立着法兰西的英雄人物拿破仑。拿破仑摆出手插口袋的姿势，成就了这幅举世闻名的画作。

画像逼真地呈现了书房的细节以及拿破仑本人。比如，家具上面有拿破仑名字的首字母N，桌子底下的那本书是普鲁塔克的《名人传》，代表拿破仑是在历史上做出卓越贡献的人物，后面还有法兰西法典的字样。台灯旁快要燃尽的蜡烛，表明时间是早上四五点钟，而不是下午四五点钟——这位国家领袖为法兰西一直工作到深夜。这些东西加起来，让整幅画看着别有深意。

拿破仑看到画像中的自己时，感慨大卫非常了解自己，这当中还有一个更重要的原因。画面里，深色衣服中间搭配的浅色衣服，显得拿破仑身体非常修长，地板稍稍向前倾斜，人物也显得更加挺拔了。众所周知，拿破仑是一个矮子，身高只有 164 厘米，这应该是这位英雄人物一生的遗憾吧。可是这幅画中的拿破仑看起来仿佛有 185 厘米，非常符合人们对英雄形象的期待。

如今，每当人们提起拿破仑，总会不经意地想起那只插在马甲口袋里的手。人们对拿破仑摆出这个姿势的原因进行了百般推测，有人认为，拿破仑患有严重的胃溃疡，手插口袋是为了抚摸疼痛中的胃，或者他正在给手表上发条，或者他患有不可告人的皮肤病；还有人认为，拿破仑手上有残疾，因此需要藏起来。除了这些说法，有人干脆认为，是大卫觉得画手比较麻烦，将一只手放进口袋里比较省事儿。

事实证明，这幅画是画家凭借自己的记忆画上去的，拿破仑手插口袋的姿势也可能是大卫自己设计的。1812 年对拿破仑来说是重要而具有转折意义的一年。法兰西帝国强大到登峰造极的地步，拿破仑控制了欧洲大陆，他的野心膨胀，将目标对准了沙俄——一个主导欧洲近百年的帝国。试想一下，在这样关键的一年里，拿破仑怎么会有几个小时的时间待在书房里，让画师给自己画像。

历史资料也证明，这幅画的原型是一位拿破仑崇拜者，他代替拿破仑做模特，大卫在模特的基础上，凭借对拿破仑的记忆完成了这幅画。这幅画曾经被大卫的徒弟，同为画家的埃特尼 · 德拉克鲁兹评价为“太缺乏真实感，太理想主义，太抽象”，但它深得拿破仑本人的喜欢，拿破仑在看到画像后评价说：“大卫，你怎么会如此了解我！”

大卫没有想到的是，这个姿势让这幅画声名远播。如今，这幅身价过百亿的画作藏于美国国家艺术馆，已经成为艺术史上的珍宝。对于后人来说，拿破仑为什么要手插口袋，或者说，大卫为什么要将拿破仑的手放入口袋中？真相也许没有人们想象的那么扑朔迷离。

早在拿破仑尚未出生之前，一本名为《上流社会行为指南》的书中就提到，手插口袋是男子常见的动作，多见于受过良好教育的绅士。这个姿势体现了男子的英雄气概，同时突出他们谦恭得体的绅士风度。简单来说，这是一种体现高贵身份的姿势。

在古希腊、古罗马的雕塑中已经有这种姿势。马其顿的演说家埃斯基涅斯在他的书中提到过，与人说话时，将自己的手放在宽袍之外是很不礼貌的，所以要插到袍子里。这个传统一直延续到 18 世纪，当时的演说家也在书中提到这一姿势，并将其看作一种绅士礼仪。在 18、19 世纪的肖像画中，摆这种姿势的人很多，那些有地位的公爵都很喜欢在自己的肖像画中摆出这个姿势。

随着时代的更迭，人们的审美习惯在发生变化，对身体姿势的解读也和以前不一样了。18 世纪的男子将手插口袋看作绅士的礼仪，但在 21 世纪，穿西装打领带的男子如果不自觉地将手插入口袋，会被看作不舒服或者不自信。人也确实是在这种情况下，不知不觉地做出手插口袋的动作的。如果一个人感到紧张，就会本能地藏起双手。此外，双手插进口袋也会给人懒散之感。

尽管带有某种负面暗示，但双手插入口袋依然是男人们偏爱的一种姿势，因为它还传递着另外一个信息：我此刻不想跟任何人说话，即拒绝。在晚宴上，总是有那么几个人，或者靠在墙边站着，双手插在口袋里，或者坐在灯光昏暗的地方，后背靠在椅背上，双手放在口袋里，不聊天，不喝酒，静静地看着热闹的会场，他们都在表达同一种态度：让我一个人待会儿。

如果你跟一个人交谈或者请教问题，对方听了几句后将双手插入口袋，那你还是识趣一点，换个话题或者改天再说。对方已经在表达“我不想跟你说话”的想法了，即使迫不得已地回应，也是敷衍了事。

在非正式场合，将双手插入口袋是无礼的行为；在正式场合，这一姿势给人强势之感，但是缺乏涵养。相反，将双手放在口袋之外则是自信的表现，所谓君子坦荡荡。将双手放在臀部或者大腿外侧，还会给人自信倍增的感觉。

把手放在哪里最合适

手的位置、手指的变化、手和身体姿态的配合，这些都会代替语言，传递出心灵的信号。很多人并不在意身体语言，觉得口头语言的作用和魅力才是最重要的，因此，很多人忽略了手势的巨大影响力。“明明演讲稿背得很好，为什么最后还是搞砸了呢？”忽视身体语言的结果便是，自己连失败的原因都不知道。

手是人体最灵活的部位。手上有 27 块小骨头，其中包括手腕处的 8 块鹅卵石形状的骨头。这些骨头和韧带联结在一起，形成了布满手背的网络结构，依靠肌肉的拉伸，手便能完成各种精细的动作。科学家发现，双手和大脑之间的神经关联是最大的，因此，手的动作、手势能够准确地反映一个人的内心。

在社交场合中，手是传情达意的工具，和眼神、面部表情组成搭档，准确地传递出一个人的意图。手势的运用有很多讲究，简洁明确是其中一点。手势要简单，让人一下子就能明白，同时根据手势领会其原因。含糊不清的话，容易造成误会，让人陷入难堪或尴尬的境地，这是大多数人不愿意看到的。如果错误地使用手势，后果会更加严重。

何宝荣是一家外贸公司的经理，主要负责对中东地区的出口贸易。上个月，他为了一批机械设备的出口，带着新来的助理小张特意跑了一趟伊朗，然而，洽谈的结果并不令人满意。何宝荣和小张抵达伊朗的当天,就到客户公司进行拜访,准备和对方商谈订货的具体事宜。不巧的是，何宝荣和小张进门时，正好遇上公司员工在祷告。客户公司的负责人请他稍等一下，等祷告结束再进行会谈。何宝荣和小张被安排在大会议室里等待，所有员工都在祷告，连个倒水的人都没有。向来以办事效率高闻名的小张对这样的安排表示不满。

晚上，客户公司的负责人为何宝荣等人举行了欢迎晚会。为了保证洽谈顺利，小张并没有为早晨受到的“怠慢”表现出愠色。开场后，服务员走过来，为何宝荣和小张递上了酒杯，习惯使用左手的小张自然地伸出左手接饮料。此时,晚会的主人立刻改变了神色,没有和何宝荣对饮，将酒杯放在餐桌上就出去了。这时，何宝荣才意识到，小张犯了一个严重的错误。

在接下来的会谈中，起初很有合作诚意的客户公司却兴趣索然，会谈也没有实质性的进展。这次失败是何宝荣和小张两个人的责任，结果，何宝荣被调离公司总部，小张则因事先没有做好准备工作，导致合作失败被辞退。

伊朗是信奉伊斯兰教的国家，按照教规，信徒每天要做五次祷告，如果工作和祷告相冲突，就要停下手里的工作，即使此刻到来的客人也不可以打断或者表示不耐烦。小张对推迟会议表示不满，显然是不了解阿拉伯国家的习俗。最致命的错误出现在晚会上，小张用左手接过酒杯很显然是不合适的，在伊朗人看来，左手是不洁之手，一般用来洁身，用左手接递物品是蓄意侮辱别人的行为。

双手的活动范围大概分为三个区域，肩膀以上，肩部到腰部和腰部以下。肩膀以上表达的是积极的态度，如理想、希冀；肩部到腰部趋向于比较平静的思想；腰部以下通常表示否定。手活动时，动作幅度不宜过大，否则会让人觉得浮躁、张扬；不宜过小，那样会显得暧昧不清；动作宜柔和，生硬的话会让对方敬而远之；如果面对的是上司、领导，动作不适宜是形成糟糕印象的主要因素。

工作时，我们有时候会不知道该把手放在哪里，但有一点要注意：开会时，就算会议内容非常无聊，也不要摆弄手指，大可在本子上乱写一气，排解烦躁的心情。转笔就算了，在严肃的会议室内转笔，老板会将这看成蔑视他的信号。

每年的毕业季都有许多应届毕业生进入政府部门、企业机构实习。徐国亮和他的同学一行12人进入某企业研发部的实验室实习。报到的第一天，徐国亮带着同学到部长办公室等待。时值盛夏，天气酷热难耐，部长秘书张罗着给大家倒水，同学们则表情木讷地看着她忙活，徐国亮还问了一句："天太热了，有绿茶吗？"秘书说："实在抱歉，刚刚用完了。""那——"徐国亮刚要接着问，旁边的人悄悄地嘀咕了一句："人家给你倒水，你还挑三拣四的。”徐国亮才没有继续作声。

不一会儿，部长赶到办公室，为同学们安排实习工作。“平时，学生实习的事情都是秘书负责接待的，因为我和你们的导师是同学，我们的关系非常要好，所以今天由我给大家讲解实习安排。”说着，部长从抽屉里拿出一摞笔记本：“拿着这个，把我说的要点记下来。”

大家还没行动，徐国亮就抢到前头，从部长手里拿过一本。徐国亮的动作非常生硬，从秘书的角度看，他好像不是拿，而是在抢。徐国亮的动作让大家都陷入了尴尬境地，部长的脸色也开始难看起来，秘书忙说：“不用着急，每个人都有的。”接着，其他同学纷纷起身，走到部长跟前，双手接过笔记本。

两个月后，实习期结束，同学们都拿到了实习评定报告，大多数人都是乙等，有两个女孩子得了甲等，只有徐国亮一个人拿了丙等。徐国亮自认为表现不错，对实习评定结果非常不满，他找到部长：“为什么大家最差的都是乙等，只有我一个人是丙等？”部长看着徐国亮涨红的脸，笑道：“你的实习表现我都看在眼里，你的专业成绩固然比其他人好，但是除了专业知识，你需要学的东西还有很多，修养是第一课。”

手势和表情的配合，往往能达到传情达意的目的。比如，话说到激动的瞬间，攥紧拳头，代表情感的强烈；人感到兴奋、高兴时，会双手舞动。日本的研究人员发现，一个人接住一杯热茶的动作，往往能反映他的性格。诚实忠厚、通情达理的人会搂紧食指、中指，双手接过茶杯；精于社交、敏捷练达的人用大拇指和食指接茶杯；神经过敏、自卑的人小拇指翘起，其他手指合拢握住茶杯。专业的服务员能根据客人接茶杯的动作推断对方的性格，继而提供恰到好处的服务。

对公关人员的手势要求比较高。在为客人指引方向时，需要手臂伸直，手指自然并拢，手掌向上，以肘关节为轴，指向目标。用一根手指指点方向是公关人员的大忌。即使对于普通人，这样的动作也是不礼貌的。

第三章

说话之道

点头和摇头是身体语言的一部分，也是口语交流过程中，配合语言存在的动作。人在说话时，头部动作很多，而且很随意，尤其是点头、摇头这两个动作，使用的频率非常高。不管什么人，什么场合，个人克制力如何，人们总会有意无意地点头或摇头。有时候，为了表明自己的态度，会出现明显的点头和摇头，但大多时候，这两个动作是不自觉的行为，当事人根本意识不到。

不出声的嘴唇

在人的面部器官中，嘴唇的目标比较大，位置比较显著。牙齿周围的口匝肌在幼儿学习说话的过程中被训练得非常灵活，因此它能不自觉地做很多动作，表达出丰富的感情。哪怕是非常细微的心理变化，也能通过嘴唇的动作表达出来。在五官的无声语言中，唇部动作的丰富性仅次于眼睛。

岁月的痕迹留在眼角，同时也刻在人的双唇上。在人际交往中，尤其通过口头语言交流时，嘴部动作可谓丰富多样。各式各样的嘴部动作和说话人的心理活动相联系，反映的是说话者的内心状态和情绪。

嘴部动作吸引了许多心理学家，他们对此感兴趣，并且做了大量的研究，为什么呢？因为不同的嘴部动作能够揭示人的心理秘密。人的脸部肌肉会根据感情的变化而变化，尤其是嘴唇四周的肌肉。根据嘴角弧度的不同，嘴部动作也分很多种。不同的嘴部动作反映了不同的心理活动。

医生会从嘴的大小、弹性、干燥程度看出一个人的健康状况、行动力和生命力。健康的嘴唇呈淡红色，圆润饱满而不干燥，没有溃疡、开裂和疱疹。如果嘴唇呈深红色或紫红色，证明体内“火”大，即能量过多，颜色越深，“火”越大。如果嘴唇呈淡白色，可能是过度劳累所致，也可能是挑食、减肥导致的营养不良。

医生看的是人的身体，心理学家看的则是人的性格。心理学家会从嘴部的动作看出人的内心世界，西方古代的画家或雕塑家具有心理学家般的慧眼，能从双唇理解人的性格——如果一个人双唇薄而干燥，唇角下垂，说明此人性格忧郁；同样是唇角下垂，但是双唇富有弹性，较为丰满，此人必定性格暴躁。唇角如果经常翘起，此人应该性格活泼；双唇平直是恬静型的人，气质平稳，情绪没有大起大落。

嘴部有四种运动方式，张开闭合、向上向下、向前向后和抿紧放松。嘴部动作最典型的就是笑，这也是嘴部最美丽的动作之一。嘴角上翘，露出牙齿的笑被看作友好、善意的表情，这个表情在全世界通用，即使语言不通，一个咧开嘴、露出牙齿的微笑也足以传递情感。

蒙娜丽莎的微笑

微笑时嘴唇合拢，这个动作和自然的微笑相比，持续时间更长，而且不会延伸到眼部，这是一种虚假的微笑，表达的是对内心不悦的掩饰，或者一种被迫的屈从认同。微笑时紧闭嘴唇，意味着窃笑或者保留内心的想法。嘴唇闭成一条直线，将牙齿藏起来，意味着有不想让别人知道的秘密，也可能是表达不喜欢和不信任，是一种拒绝的信号。

咬嘴唇是释放压力的一种方式，人们以此来表达内心的愤怒和怨恨，同时，咬嘴唇是自我谴责、自我解嘲，甚至自我反省的信号。当人们遭遇失败，却又无处发泄时，会做出咬嘴唇的动作，好像在为了失败而惩罚自己。这一动作来自婴儿期，效果和咬指甲、咬笔杆、嚼口香糖类似。婴儿时，人们通过这个动作来摄取生存必需的营养，还能帮助平复心情；成年后，人们依然期待这个动作有一样的效果。

犯了错误的小孩在面对老师或父母时，十分钟后要上台演讲时，都容易出现咬嘴唇的动作。感到愤怒时咬嘴唇，最明显的例子是在赌场里，当某位赌徒不幸拿到一手烂牌时，他会轻皱眉头，上牙咬住下嘴唇，以示愤怒，毕竟，当前局势对他来说太不利了。运动员在遭遇失利时，也会咬住自己的嘴唇，除了表示焦虑，更像是自我惩罚。自尊心特别强的人在遭遇失败后有时会将自己的嘴唇咬出血，这是明显的自我惩罚的行为。被人误解或侮辱时，心存不满却又要强作隐忍，咬住下嘴唇能帮助控制自身的情绪，当然，这也可能是情绪爆发前的征兆。

不难看出，咬嘴唇的动作传达的多半是消极的情绪，即使做这一动作的人是无心的，却因此透露了内心的真实情感。正因为如此，很多人希望改掉自己咬嘴唇的毛病，在工作面试、商业洽谈或者异性约会的场合，这个动作不仅看起来不雅观，还会让个人形象大打折扣。

人在口干舌燥的时候会用舌头不断地舔嘴唇，以使嘴唇湿润，在面临巨大压力时，人也会舔嘴唇。用舌头反复摩擦嘴唇，能够减轻不自在和内心的紧张，帮助自己镇定下来。人际交往中，舔嘴唇的动作会让人感觉不自信，不仅不会放松，还会更加紧张。

嘴唇向前噘时，表明此人心存不满或者不同意见，将嘴唇噘起来，代表着将不满的对象“拒之门外”。会议进行时，一个人如果不同意其他人的看法，会不自觉地做出这样的举动。噘嘴动作常见于女士，尤其是爱撒娇的女生。当噘嘴用来撒娇时，它不仅表达了内心的不满，还表达了对爱的需要，类似于“人家就是要你陪嘛”这样的感觉。

下嘴唇向前伸，嘴角下垂，这就是撇嘴的动作。当人感到不开心时，就会撇嘴。和嘴角上扬相反，撇嘴表达的是负面的情绪，如悲伤、绝望、愤怒、不屑和鄙夷等。克林顿深陷莱温斯基性丑闻和小布什因为伊拉克情报失误备受指责时，他们的脸上呈现了经典的撇嘴动作。

抿嘴的克林顿

抿嘴是自我抑制的表现，大脑在说“紧闭嘴巴，不要让任何东西进入身体”时，人们会藏起或抿紧自己的嘴唇，这也是一种压力反应。当压力变得越来越大时，丰满的嘴唇会变得扁平，最终成为一条直线。情绪和自信在此刻跌入谷底。

美国前总统小布什非常爱抿嘴，一旦感到压力，他就开始咬嘴唇。2001 年，当小布什得知“9 · 11”恐怖袭击后，他咬嘴唇的动作非常明显，而且是下意识的。后来在许多场合，只要遇到有关“9 · 11”恐怖袭击事件的问题，小布什就会做出这个动作，在其他让他感到压力的场合，小布什也用这个小动作掩饰自己的焦虑。

小布什的抿嘴动作

将嘴抿成“一”字形，说明这个人已经下定决心，一定要做某件事，不管付出多少努力。这种表情在运动场上很常见。经过了一场激战的运动员喜欢将嘴抿成“一”字形，它表达的是运动员内心坚定，再接再厉的决心。一名棒球运动员，站在比赛位置上，一边抿住嘴唇，咬紧牙关，一边注视着球的动作，他在向队友和观众传达坚强意志。

嘴唇的另一功能便是接吻，为此有人说，上帝赐予人类嘴唇就是用来接吻的。在所有动物中，人类的嘴唇是唯一外翻的，露出里面的粉红色，对比大猩猩的嘴唇，便会发现，人类长了一双多么独特的唇。不过，人类不是唯一懂得接吻的动物，大猩猩也喜欢将彼此的嘴唇贴在一起，那是兴奋、喜爱或者和解的信号。

吻的方式有许多种，代表亲情、友情的吻多半吻在颊上；代表敬意的吻通常吻在手上；代表无上尊敬的吻一般吻在足上（个别文化中）；至于“爱情之吻”，自然吻在口舌之间。至今，心理学家尚没有搞清楚人类接吻的原因，一个可能的答案是接吻来自人类喂养幼儿的行为。在一些文化中，父母在喂养幼儿时，会将食物嚼碎用嘴喂给孩子，孩子可能因此将嘴唇的接触视为爱的表现。随着时间的推移，嘴唇的接触变成了表达爱、接受爱的文化传统。如今，接吻成为被全世界公认的表达爱的方式。神经生物学家的研究证明，接吻，尤其是激情的一吻能够产生催生素——一种让人产生联系、依恋感的化学物质。

小心被口头禅出卖

你有没有留意过，身边的朋友讲话时，总是带着口头禅。有的人断句时喜欢说“然后”，10 句话里会出现 8 次“然后”；有的人则总是显得闷闷不乐，常年把“郁闷”挂在嘴上。奥巴马不管说什么，都要说个“恕我直言”；肯尼迪的女儿卡罗琳 · 肯尼迪则喜欢说“你知道”，有一次，卡罗琳接受《纽约时报》的采访，连续说了 142 个“你知道”。可见，不管贫富贵贱、文化水平高低，口头禅出现在每个人的嘴边。

口头禅的内容五花八门，有人喜欢说“郁闷”，有人喜欢说“随便”，有人喜欢说“神经病”，有人喜欢说“无所谓”。在一次针对国人口头禅的调查中，“随便”、“神经病”或“有病啊”和“不知道”排在了口头禅使用频率的前三位，进入前十名的还有“郁闷”“我晕”“无聊”“不是吧”

或“真的假的”“挺好的”和“没意思”。美国的调查显示，美国人最喜欢说的口头禅是“Whatever”，即“随便”或“无所谓”，这是美国人说得最多，也最让人讨厌的口头禅，排在后面的是“你知道”“总之”、“到头来”等等。

不同地区的人口头禅也有所区别。北京人喜欢说“你知道吧”，从言辞和语气中可以看出生活在皇城根下的人具有天生的优越感和好为人师的心理；广东人喜欢说“有没有搞错啊”，语气温柔，但是带有怀疑；台湾人喜欢说“不好意思”“拜托”，在优雅之间带有不安，是一种矛盾的心境。

电视上的明星也有自己的口头禅。比如刘翔，他特别喜欢说“对”，用“对”来断句、过渡或停顿。这是一种肯定自己的心态，也会让自己更自信，起到正面暗示的作用。刘亦菲的口头禅是“不知道”，从中可以看出她本真的一面和内心的无措，这可能和她过早进入娱乐圈有关系，对人情世故抱有本能的抵触和逃避。

口头禅是怎么形成的？或许可以望文生义，从字面上入手解释。既然和“禅”沾了边儿，口头禅和禅宗难道有什么关系吗？的确，口头禅来自禅宗，原意指宗门和尚并不知道禅意，只会每日把玄而又玄的禅语挂在嘴边，哗众取宠，装得好像自己已经学有所成的样子，因此，人们将这样的禅语称为口头禅。

口头禅最初是一个贬义词，到了现代社会，口头禅的存在也没有什么实质益处，一旦人们养成了说口头禅的习惯，就会像上瘾了一样，说话时脱口而出，有时会让语言变得很啰唆。同时，特定的口头禅还会彰显一个人的性格，反映其积极或消极的心态。

石小宝在办公室里非常受欢迎，他为人活络，左右逢源，刚到市场部一个星期，他已经和所有人都混熟了。小宝爱聊天，会讲俏皮话，而且，他与人聊天时，总是把“还不错嘛”挂在嘴边。在紧张、繁忙的工作中，大家听到小宝说的“还不错嘛”，全身的神经好像都得到放松了一般，仿佛具有化腐朽为神奇的力量。

有一天，办公室的张姐气喘吁吁地跑进来，她拿着考勤卡，三步并作两步地走进屋，一屁股坐在椅子上，气喘吁吁地开始抱怨：“这是什么天啊，大春天的下雨夹雪。天气不好也就算了，还碰上一个特磨叽的司机，我今天比平常提前15分钟出门，结果那师傅把时间全浪费在等红灯上了，一路的红灯全让他碰上了，差点害我迟到——8点29分打卡，吓死我了！”张姐说了一大通，小宝从茶水间走出来，笑嘻嘻地说：“还不错嘛，张姐，差1分钟，看来那位司机师傅是算准了时间呀！跑几步也不错呀，权当锻炼了。”小宝说完，张姐也笑了。

这只是小宝用“还不错嘛”化解的众多“腐朽”之一。每一天，小宝都会在办公室里说上无数遍“还不错嘛”，遇到高兴的事，“还不错嘛”是锦上添花；遇到烦心的事，“还不错嘛”还能雪中送炭，同事们都把小宝当开心果，有什么好事都想着他。有闹心的事发生，找他说道说道，不一会儿，心情就好了。

如果口头禅真的能反映一个人的性格，暴露人的心理，那么，石小宝应该是什么性格，什么心理呢？想必，他一定是一个乐观、开朗、积极向上的人，风趣、幽默，乐于与人交往，善于处理人际关系。他本人或许并不知道，一句简单的口头禅就让他在职场收获了好人缘，也让他获得了更多的机会。

根据统计，像小宝一样喜欢说“还不错嘛”的人并不多，相反，一些消极的口头禅，比如“真没劲”“烦死了”“你神经病啊”在日常生活中更为常见。这些口头禅反映了很多主观的情绪，它是人内心对事物的一种看法，也是外界信息经过大脑处理后形成的固定的语言模式。

喜欢说“说真的”“老实说”“不骗你”的人，性格急躁，内心常有不平。这种人很在意别人对自己的评价，希望在团体中得到认可，希望获得朋友的信赖，因此才会不断强调事情的真实性。喜欢说“应该”“必须”“一定要”的人为人理智、冷静，做事时能够说服对方，令对方相信。但是，“应该”说得太多，也是内心动摇的征兆，长期担任领导职务的人偏爱这一口头禅。

将“听说”“据说”“人家说”作为口头禅的人，说话、做事给自己留余地。他们见多识广，但是决断力较差，处事圆滑，时刻为自己准备后路。喜欢说“可能是吧”“或许”“大概吧”的人自我防卫心理比较强，不愿意暴露内心的真实想法，一旦事情明朗，就会说“我早就估计到了”。这类人待人处事都非常冷静，因此工作、人际关系处理得都很好。从事政治活动的人常常使用这类口头禅。

有一阵子流行将“郁闷”挂在嘴边，所有人都在说郁闷，难道真的是事事不顺，处处郁闷吗？也不见得每个人都如此。其实，“郁闷”不过是人的心态反映。生活节奏快，工作压力大，人们嘴里常常念叨“郁闷”，只是为了倒倒苦水，给紧张的心理一个疏解。和学生每逢考试就把“死定了、死定了”挂在嘴边一样，这类口头禅都是保持心理安宁的方式。将现实想得糟糕一些，当发现真实情况并不是那么糟糕时，心理也就得到安慰了。

韩剧中的女主角大多都是出身低微、贫穷，又遭遇了一系列生活打击的灰姑娘，因此，她们最常说的口头禅就是“fighting”，即“加油”的意思。《加油，金顺》中，女主角金顺每次遇到困难，都会右手屈臂握拳，口中大喊“fighting”，以此增强自信，鼓励自己战胜困难。从中也可以看出金顺坚强、积极向上的性格。

口头禅不仅能反映人的心理，也能影响人的心理。消极的口头禅会在不经意间磨灭人的意志，如“真倒霉”“一天天地没好事儿”，即使不倒霉，每天自己念叨着，霉运都会找上身了。如果和别人聊天，对方刚说两句就听到你说“无聊”“没劲”，对方的兴头会立即从高峰落入谷底。相反，如果适时地说一句“真的”“太棒了”“真不错”，对方则会更加投入地参与到谈话中。更重要的是，肯定而积极的口头禅会不断塑造自己，在潜移默化中约束自己，培养成熟的内心。

电影《窈窕绅士》中，孙红雷扮演的土大款曾天高请林熙蕾扮演的公关公司经理包装自己，让他在短期内从土豪变成儒雅的绅士，以俘获电影明星的芳心。林熙蕾给孙红雷提的第一个要求就是，说话要以“对不起”开头，以“谢谢”结尾，否则就会受到惩罚——被喷辣椒水。时间久了，“对不起……谢谢”成了曾天高的口头禅，他也从只知道开豪车、戴名表的土豪慢慢蜕变成了懂得鉴赏达·芬奇画作的绅士。

心理学家建议，如果改不掉说口头禅的习惯，就尝试给自己订制一个标志性的、具有正面效果的口头禅。让口头禅像发型、服饰一样，成为个人形象的一部分。一句个性化的口头禅则是自我心理训练的开始。

弗洛伊德式口误

看过《老友记》的人一定对这个情节印象深刻：罗斯和艾米丽在教堂举行婚礼，在悠扬的乐曲声中，艾米丽先向神父宣誓，“我，艾米丽，将把罗斯作为我合法的丈夫，无论贫穷与富有，健康与疾病，我们都将在一起。”轮到罗斯宣誓时，罗斯开口便说：“我，罗斯，将把瑞秋——”在场的所有人都惊呆了，罗斯竟然说错了新娘的名字，瑞秋是他前女友的名字。如果弗洛伊德在场，他一定会站出来点评一番：“罗斯，你的口误完全是潜意识的流露啊，你的内心深处依然爱着瑞秋，不要和艾蜜丽结婚，去寻找你真正想要的幸福吧！”

口误是生活中经常发生的事，和笔误、失手一样是微不足道的小失误。口误本身的意思是嘴巴不听使唤，说了言不由衷的话。但在弗洛伊德看来，这些小失误并不是偶然发生的，而是潜意识的不经意流露。只要话说出口，就是发自内心的，只是有的想法在意识中，有的想法埋得太深，本人都没有意识到。这种口误又被称为“弗洛伊德式口误”，弗洛伊德用他亲身经历的事件解释了“弗洛伊德式口误”。

弗洛伊德曾经摔破了书桌上的墨水瓶。在他看来，这一举动并不是因为自己一不小心，而是有更深层次的原因。他用力回想，终于想起和墨水瓶相关的一件事。不久之前，他的妹妹曾经到书房参观过，她对弗洛伊德典雅、精致的书房慷慨地赞扬了一番，并对弗洛伊德丰富的藏书表示惊讶。但当她看到桌子上的墨水瓶时，她说：“这个墨水瓶太旧了，和整个书房的环境不太相称。”弗洛伊德争辩说：“这个墨水瓶很好用，能用就可以了。”

至此，弗洛伊德分析，他摔破墨水瓶肯定是受到了妹妹的暗示，自己也认为墨水瓶用得太久，应该换新的了。可是直接换掉并不符合“这个墨水瓶很好用，能用就可以了”的说辞，于是将它伪装成一次失手打破的事件，这样既可以心安理得地换墨水瓶，又不违背自己的观点。

口误、笔误、失手等，都是潜意识表现的方式。拿口误来说，不经意间说错话，表面上看很好笑，实际上反映的是内心深处的真实想法。口误中最常见的就是喊错一个人的名字，就像罗斯一样，站在未婚妻面前喊前女友的名字。其实，说错名字是在抒发一种情感，由于种种原因，这种情感在平日里是禁忌的、被压抑的，只能通过口误的方式来表达。

对于整天对着摄像机念脚本的主持人来说，口误是最常出现的错误。有的电视节目主持人会把“移动联通小灵通的用户请发短信至……”说成“移动联通的小用户们请发短信至……”。有的央视主持人则在节目开场时将“各位好，这里是中央电视台”说成“各位好，这里是中央气象台”。最有趣的一次，在湖南卫视《我是歌手》的节目中，担当主持人的胡海泉直接将开场白“立白洗衣液，我是歌手”念成了“立白歌手，我是洗衣液”。这句话成就了为节目提供 1.5 亿元赞助的立白集团，也为观众提供了茶余饭后的谈资。

在体育节目，尤其是体育比赛解说中，主持人需要脑、眼、嘴、手共同配合，如果不能高度集中注意力，难免会发生口误。让人爆笑不止的韩乔生的“韩式语录”中就收录了这样的口误：“随着守门员的一声哨响，比赛结束了”“现在由中国队守门员范志毅开任意球”……央视转播的 NBA 比赛中，最经典的一句解说词莫过于“乔丹又习惯性地舔了舔自己的舌头”，这句话同样出自央视名嘴韩乔生之口。

播音员、主持人口误有时是紧张所致，有时可能是语言的转换跟不上大脑的思路，一些平日里躲藏在角落的感受、情绪就跑出来了。听口误的人会爆笑，会觉得有喜感，而口误当事人则难免尴尬。记者在采访过程中难免会口误，为此可能招来抨击和责骂。

在韩国客轮“岁月号”沉没事件后续调查过程中，韩国 JTBC 电视台的记者因为在现场采访时说错话，遭到了网友的攻击。当时，记者采访到一位获救的女学生，记者问道：“是否知道你的朋友已经遇难？”学生用颤抖的声音回答：“没有，我没有听说。”话音刚落，小女孩便号啕大哭。

灾难报道中，要基于事实进行报道，同样还要考虑到遇难者和家属的感情。可以猜测，这位记者在发问之前，必定是了解到了遇难人员的信息，发现了幸存者与遇难者之间的联系，所以才这样问的。这位记者在发问前显然没有经过慎重思考。有经验的记者会根据情况委婉地询问，避免造成伤害或场面的尴尬。

有人担心口误让自己丢面子，个人能力被否定，其实，口误没什么大不了的。古人有云，三思而后行，谨言慎行。说话之前，把话在脑子里过一遍，这样就不容易出错，造成误会了。如果真的说错了，可以随机应变，找寻化解尴尬的方法，如果实在没有办法，就调侃一下自己，或者“哈哈”笑几声，一笑而过吧。

2005 年的台湾金曲奖颁奖礼上，来自香港的莫文蔚作为颁奖嘉宾，揭晓最佳男演唱人奖。由于莫文蔚普通话说得不好，坐在台下的人听不清楚她讲什么，导致歌手王力宏错将“最佳男演唱人——黄立行”听成了“最佳男演唱人——王力宏”，他高兴地上台领奖，结果闹出了笑话。

闹出这个笑话足可见王力宏对这个大奖的期待，也许他做梦都在期待嘉宾念自己的名字吧。在那个尴尬的场面被人谈论了整整一年后，2006年，王力宏带着水准突出的专辑《盖世英雄》参加2006年的金曲奖颁奖礼。

这一次，主办方特意请来了莫文蔚和前一年的获奖者黄立行搭档颁奖，同时，还将去年的尴尬一幕剪出来调侃了他们一番。最终，王力宏以近年来的个人最佳表现获得了最佳男演唱人奖，而他上台领奖时说的第一句话就是“两位的普通话真标准啊……”王力宏的一句调侃，化解了好几百天的尴尬局面。

对国际政要来说，出现口误的情况更频繁。

美国一位拉美裔的女法官索尼娅·索托马约尔曾经在公开场合出现口误：“一个明智的拉丁女士比一个白人男性更能得出正确的结论。”令人如此尴尬的一句话，天知道索托马约尔多希望时间可以倒流，让她能收回这句话。

像索托马约尔这样的口误，政治家、法官或企业CEO都出现过，在媒体无处不在的今天，所有人都希望有一台时光机，所有人都希望自己没有那样说过。既然时光机只能存在于人的幻想中，能够起补救作用的只有事后的表现。

在发表了这句不适合的言论后，媒体铺天盖地地讨论着这位明智的拉美女士。在随后的一场听证会上，索托马约尔表现极佳，成功地扭转了局面，将媒体对她拉美裔背景的关注转移到了她对法律的忠诚上。

索托马约尔采用了一个非常明智的方式应对人们的批评——沉默。如果口误之后，连自己都揪着这件事不放，一再解释，指责媒体断章取义，无疑是越抹越黑。快速地寻找下一个话题，吸引人们对新问题的关注，口误事件就会被更新的新闻淹没。

可惜，在危急时刻，尤其是面对批评时，人的本能反应就是反击。如果遭到责难，就进行自我辩护；如果被人误会，就站出来解释清楚。可惜，有时候说得太多并没有好处，反而会引起怒火。

索托马约尔用聪明的方法转移了因口误引来的媒体责难。但是，她究竟是因为一时紧张或精神不集中说了“一个明智的拉丁女士比一个白人男性更能得出正确的结论”，还是她内心深处就是这样认为的？按照弗洛伊德的说法，索托马约尔可能真是这么想的。

抑扬顿挫的语调

语调，也就是说话的腔调。严格定义的话，语调是句子与句子连接时在语音上的抑扬顿挫，包括声调的高低变化，语音的长短、停顿及轻重。口语交际时，语调往往比语义传递更多的信息，对听众的心理产生微妙的作用。苏格拉底说，请开口说话，我才能看清你。人的声音就是个性的表达，声音可以透露人的畏惧、犹豫、缺乏自信，也能透露喜悦、果断和热情。

说话声音对他人的影响可能比说话内容更大。洪亮而流畅的声音让人感觉舒适，给人留下成功、性感、友好、聪慧的印象；鼻音很重、刺耳的音调都会让人觉得不适。在得克萨斯州的一项针对140名管理者的研究中，研究者将管理者的讲话内容收集起来，找专家组和参与者评价声音，结果，他们给出评价的依据依次是声音、讲话内容、激情、学识和仪态。

作为HR，保罗主持了公司的新人招聘，公司需要一位充满激情的销售总监，帮助公司扩展西部的市场。在众多应聘者中，保罗对卡尔·费舍曼各方面都很满意，唯独一点，就是不太喜欢他说话的声音。

和卡尔交谈了半个小时，保罗不得不停下来，和卡尔说明实情："费舍曼先生，我们这里的员工都是精力充沛、做事积极的人，我觉得他们不会喜欢和你一起工作。"卡尔露出了疑惑的表情，保罗继续说："我几乎听不到你说的话。如果你感到紧张，放松点如何？我觉得你的脉搏都快停止跳动了。"

卡尔换了一个姿势坐着，说："我在空军做了20年的侦察员，在那里，每个人都要谨慎行事，低声说话是其中一项。"看得出来，卡尔本身就是一个内敛的人，有一种冷静、克制的行事风格，加上工作环境的要求，让他说话时总是细声细气，小心翼翼的。"您指出我说话声音的问题，这让我感到很吃惊，不过我可以保证，我会尽力试一试。"最终，保罗答应给他一次尝试的机会。

为了配合斗志昂扬、充满激情的团队，起初，卡尔不得不努力让自己的声音显得有力量，说话时尽量将发音位置向下压，同时不失激情。当他在公司里变得自在之后，卡尔的个性逐渐显现，他的冷静、克制的行事风格反而成了工作上的助力，而声音、音调也不再是障碍。

根据人们的普遍认知，轻声细语的人声音温柔，语调平缓，听起来有点底气不足，这样的人做事谨慎、谦恭，缺点是怕事，害怕招惹麻烦；粗声粗气的人性格直爽，说话不会拐弯抹角，相应的缺点便是脾气暴躁，对事情没有耐心，因此常常得罪人；尖酸刻薄型的人言辞犀利，尖声尖气，让人感到难受。

暖暖今天觉得特别背。因为别人的工作没做完，自己也要陪在公司一起加班，晚饭没吃，订好的约会也泡汤了，暖暖的心情糟糕到了极点。男友体谅暖暖的辛苦，下班后送去了肯德基的套餐。不巧的是，暖暖刚被主管骂了一顿，心情非常不悦，看到套餐里竟然没有鸡米花和上校鸡块，暖暖不悦地说了一句："你到底有没有把我放在心上啊，这些全都是你爱吃的东西，我爱吃什么你知道吗？"

男友从城北跑到城南，辛辛苦苦地给她送晚餐，结果暖暖还不领情，男友自然也很生气："这不是'狗咬吕洞宾，不识好人心'吗？除了我，还有人给你送晚餐来吗？"

"没有你的时候，也没见我饿死。走，走，走，带着你的吃的，赶紧走。"

"哎，你这什么态度啊，我可是好心关心你诶！"

"谢谢你关心。赶紧走！"

其实，吃什么并不重要，暖暖也不是因为男友没买她喜欢吃的东西而责怪他。根本原因在于无辜加班和被主管骂，心中的气愤无处发泄，于是迁怒到男友身上。回想一下自己刚才的样子，那态度，那口气，的确挺没良心的。想着想着，暖暖觉得很后悔，赶紧跑下楼，把男友追了回来。

有时候，不管是情侣还是朋友，因为无关紧要的小事吵架，往往并不是为了某一件具体的事，而是由于双方表达意见的语调。声音沙哑、微弱、不自然，带有气息声，给人的印象是消极、虚弱或紧张；声调升高，词尾带有刺耳的低吼声则会让人觉得不自在，甚至痛苦。在表示疑问时，句尾的语调会稍稍抬高；表示强调时，声音的起伏很大，个别字加重音；表示强烈的情感时，音调降低或者逐渐提高。

说话时，如果只抓住字面意思，像背书一样表达，讲话便只是借词来传达意思而已；高明的说话者会将词意和语调配合起来，充分地表达爱恨喜怒。而且，音阶的变化能让话语更具有说服力，同时感染听话的人。

曾经有一位人称摩契斯卡夫人的波兰明星，一次，她到美国演出，一位观众请求她用波兰语讲台词。摩契斯卡夫人站起来，开始用流畅的波兰语念台词。观众听不懂台词的含义，但是觉得非常具有感染力。摩契斯卡夫人的语调不断变化，从一开始的轻快渐渐转为低沉，最后慷慨激昂，悲壮万分，在座的观众都受到了摩契斯卡夫人声音的感染，全场鸦雀无声，所有人都沉浸在悲伤的情绪中。

这时，台下传来一个男人的笑声，他是摩契斯卡夫人的丈夫——摩契斯卡伯爵。原来，当不懂波兰语的美国观众沉浸在摩契斯卡夫人用声音营造的悲伤世界中时，只有伯爵听得懂她说的话的含义，原来，摩契斯卡夫人不过用波兰语背诵了一段九九乘法表。

声音是灵魂的音乐，有时候，光是一个人的声音，就构成了诱惑力。有的人则不那么幸运，不说话时还好，一张嘴说话，就让人产生反感情绪。从摩契斯卡夫人的故事中可以看出，语调有着不可思议的魅力，即使不明白语义，也能传递情感，甚至影响对方的情绪。

通过语调表达自身情绪，通过分析语调理解他人的情绪，这就是人际交往中常用的“察言观色”，这种能力从婴儿时期就已经形成了。英国卡迪夫大学心理学院对84名14个月到18个月的婴儿进行了为期1年的跟踪研究，研究发现，婴儿能够根据不同的语调理解大人的行为。

研究人员让婴儿观看一些有意动作和无意动作，同时发出声音，比如“whoops”“There”等，提示动作的意图和含义。同样的实验，研究人员再用希腊语重复一遍，这些婴儿此前没有接触过希腊语，完全不能理解单词的含义。结果发现，婴儿更多地模仿有意动作，无论是用英语还是希腊语发出提示，婴儿的模仿行为都差不多。这说明，婴儿在推断大人的意图时，并不是根据语义，而是根据语调。

米蓝是一位年轻的诉讼律师，也是一位事业成功的女人，她在法庭上很少败诉，在司法界拥有广泛的名声。最近，米蓝遇到了麻烦，她不喜欢自己的声音了。起因是她被电话里一个从来没有见过面的男人的声音迷倒了。那是一种厚重、性感的男低音，就像舞台剧中男主角的声音一样，听进耳朵里，仿佛震得出“嗡嗡”的回响。米蓝对他的声音一“听”钟情，很快，米蓝就赢得了这位男低音的爱情，但也遇到了棘手的问题。

“我的声音很低，在电话里，常常有人将我误认为男人，其实我倒无所谓，可是我男朋友不喜欢，觉得我的声音不够甜美、性感。”医生给米蓝做了详细的检查，发现她的声带并没有毛病，她的声音低沉是吸烟引起的。医生拒绝给米蓝做手术：“声音的改变会造成性格的改变，我觉得你的性格和声音正好相配。”

几个月后，米蓝在另外一家医院做了声带整形。她的声音变得清亮、悦耳，更加女性化，由此，她的外形也变得更迷人，更性感了。可是，她真的遭受了心理上的灾难。“在法庭上，我的庭辩没有了激情和冲击力，每天晚上，我都会梦见自己以前的声音，我觉得自己快要患上精神分裂症了。”

其实，一个人听到的自己的说话声和别人听到的声音是不一样的。90% 的情况下，人们不喜欢听录下来的自己的声音，因为他们觉得不像自己。第一次听到自己的录音，或者第一次听答录机上自己的声音时，大多数人都觉得怪异，那个所谓的自己的声音，为什么和印象中的声音相去甚远？那是因为，声音是通过空气传播到别人的耳朵里的，而传入自己的耳朵则是通过头骨，这样就产生了不同声音的感觉——你听到的和我听到的是不一样的。

那些欲说还休的话

外国人看到心仪的女孩子，会主动上前搭讪，要到电话号码后，将对方约出来吃饭或者看电影；中国人则喜欢先要到对方的 QQ 号或微信，在网络上聊一阵子，再进行下一步，即使是前卫的男孩子，在打电话之前，也要发几条微信试探一下，貌似这一套路对中国女孩子很适用。为什么中国人如此害怕面对面地聊天，非要躲在屏幕后面说话呢？因为中国人含蓄。

这种含蓄在传播学中有一个专门的概念——“高语境”。高语境是和低语境相对的，信息传播时，内容存在于物质语境或者个人身上，是高语境；反之，内容存在于编码清晰的信息中，便是低语境。在高语境文化下，人们的真实想法必须从语气、表情、动作、氛围中进行推断。高语境社会的代表便是中国和日本。

业务代表问："您觉得这个报价合适吗？""听起来挺合理的，但是我要回去和老板商量一下。""商量一下"代表后者无法接受或者不愿意接受这个价格。"我还以为 ××× 是你心中的女神呢！""怎么可能，我虽然是近视眼，但还能看见人。"这些都是高语境传播的典型例子。听话的人需要在脑子里转个弯，才能明白对方的意思。

有这样一个段子。日本作家川端康成问他的学生："英文中的'I love you'翻译成日语是什么？"学生心想，文学大师怎么会问这么小儿科的问题呢，轻松地回答说："我爱你。"川端康成抬头望了一下天，说："你们翻译得完全不对，如果是日本人，翻译成'今夜月色真好'就可以了。"不知道这个故事是不是真的，但故事中川端大师的解释反映的正是日本的现实。这并非矫情，而是日本文化中特有的景象。

中国人和日本人说话都喜欢拐弯抹角，话里有话，言不由衷。在男女关系中，女性比男性更含蓄，更难以捉摸。《源氏物语》中有这样一个场景。源公子受到许多女人的爱和等待，紫姬也是其中的一位。有一天，源公子从别的女人那儿回来，看到紫姬侧卧在床，脸朝里，源公子只能看到她披着长发的背影。源公子看到紫姬无声的背影，立刻体会到紫姬此刻的心情，一切哀怨、悲伤尽在不言中。源公子走向她，坐在床边，抚摸着她的头发说："以后我都陪你。"如此含蓄、委婉，若是情商不够，定会尴尬收场。

在中国，男女之间的恋爱不是直来直往，而是拐弯抹角，没有"你爱我，我爱你”的直接表达，而是来回反复地暗示，不经意地传递信号，努力捕捉微妙的动作和表情，反复地印证，走过山路十八弯，才能看见彼此真实的内心。就像《倾城之恋》中的白流苏和范柳原一样，是爱，也是反复的算计和斟酌，在小心翼翼地你来我往之间隐藏炽热的感情。

日本人的表达方式更加含蓄，甚至让人无法察觉。日本人觉得，最美好的是失去，最绚丽的是死亡，就像樱花，之所以美丽，是因为它的凋谢。在电影《情书》中，男藤井树对女藤井树的爱恋一直是浅浅的，甚至没有被女孩察觉。直到男藤井树死亡，一段沉静又热烈的爱慕才被回忆起来，如此含蓄，如此委婉，就像《追忆似水年华》给人的怅然一般。

有些话放在嘴边，欲说还休，这和文化背景有关，有时也确实是形势使然。在一些场合中，有些话不好直说，又不能不说，于是，人们想到用旁敲侧击、绕道迂回的方式来表达。有时一语双关，有时用委婉的语言暗示，有时曲解影射，有时借故事假托，因此表达得含蓄不露，若非善于思辨，小心斟酌，恐怕难以听出对方的言外之意。

南朝时期，齐高帝和王僧虔一起研习书法，后者是当时的大书法家。一天，齐高帝突然问王僧虔："你和我，谁的字更好？"这个问题可难住王僧虔了。如果说实话，高帝的字确实没有自己的好，这样皇帝的面子扛不住，惹恼了皇帝，自己可能无辜背上罪名；如果说皇帝的字写得比自己好，又太过违心。

思忖片刻，王僧虔回答说："我的字，臣中最好；您的字，君中最好。"皇帝只有少数几个，臣子却不计其数，王僧虔的言外之意非常清楚。齐高帝领悟了王僧虔的弦外之音，哈哈一笑，这事就过去了，此后，他再也没提过。

老板对你说“今年所有人都没加过薪水”，意思是“有份工作就不错了，不要奢望涨薪之类的事了”；和客户交谈中，对方说“对不起，我要接个电话”，其真正想表达的是“我的事更重要，你的时间无关紧要”；HR 找职员谈话，开场说“我们正在重组，以便让公司更好地适应不断变化的市场条件”，不要妄想公司打算给你安排新职位，HR 的意思是“我们遇到大麻烦了，需要裁掉一大批人”。

如果你是一个坦率而直接的人，心口如一，说话算数，遇到喜欢拐弯抹角，用迂回的方式表达自己意见的人时，学会领会他人的言外之意，猜到嘴边那些欲说还休的话，相信我，定是有百利而无一害的。

丽丽在一家广告公司做业务员，经常在外奔波，联系客户或者参加饭局。因此，她的上班时间比较灵活，早上去公司打个卡就可以离开了，如果连公司都不愿意去，和行政打个招呼也可以。

公司的人员管理比较松散，但业务考核一点都不马虎。丽丽的顶头上司是业务经理老韩，一位 50 多岁的老头，平时总是笑呵呵的，给人一种平易近人的印象，但大家都知道，其实他是笑面虎，对任何人都非常严格。前几天，丽丽因为私事，连续几天没有去公司，也没有外出联系客户，更没有请假。回去上班那天，丽丽在电梯里遇见了老韩，老韩笑呵呵地说：“丽丽，好久不见啊！”丽丽一怔，尴尬地笑了笑，回了一句：“好久不见。”

丽丽纳闷，老韩这两天遇到什么好事了吗，心情这么好，还主动跟员工打招呼？没过几天，公司贴出业务量名单，丽丽因为怠工，业务量垫底，被特别通报批评。这时丽丽才反应过来，原来老韩的一句“好久不见”，实际上是在批评她不认真工作，业务量下降啊。“这么拐弯抹角，谁能往那上面想啊，看来我还得继续修炼啊！”丽丽无奈地自言自语道。

当丽丽为自己的遭遇感到无奈时，隔壁广告公司的新人周文明也在经历和她相似的心情。周文明应聘到这家广告公司做策划，工作内容就是写策划案。他的工作压力非常大，一个月要写好几份策划案，如果客户催得紧，就要加班加点地工作。

上个星期，公司接到一个大单子，老板动员全体员工参与策划，形成竞争的氛围，希望能出好作品，老板许诺，策划案被客户选中的员工将收到大奖。作为新来的员工，周文明特别希望得到老板的认可，他绞尽脑汁，花了好几天时间写了一个方案。还没到最后截止的日期，周文明提前把他的策划案给老板过目，得到的回答是："小周啊，你是个很有潜力的孩子，好好干，以后必定有大作为"。

听到老板的夸奖，周文明很高兴，听老板的意思，自己的方案应该挺有竞争力的。于是，周文明又修改了策划案，改进了一些细节问题。连续几天熬夜工作后，周文明交上了自己的成果，耐心地等待着老板宣布结果。三天后，入选方案公布，可惜，周文明的方案并没有当选，为此，他连续失落了好几天。

当老板夸赞员工"你很有潜力"或者"你以后会表现出色"时，其隐含的意思就是"你现在还不行"，"我对你现在的状态不太满意"。老板不希望批评员工，导致员工丧失信心，因此会采用含蓄的方式表达，听懂老板的"谜语"，才能了解老板对自己的真实评价，从而正确地自我定位。

拐弯抹角地说话和社会文化背景有关，和老板的性格也有关。有的人喜欢有话直说，直来直往，不喜欢拐弯抹角；有的人比较含蓄，给人留面子，讲话点到为止。刚入职场的菜鸟为了尽快融入团队气氛，摸清上司、老板的脾气，会努力地猜、猜、猜，希望能够领会老大的弦外之音。

一些资深的员工则想到了一个应对习惯于拐弯抹角的领导的方法：集体装不懂。只要所有的同事商量好，只听领导说话的表面意思，不去猜他真正想说的是什么，结果必然导致误会重重，领导在每个人面前都碰了钉子，最后只好改变说话习惯，有什么事直截了当地说。这种方法比较冒险，出于职场发展的长远考虑和多人合作的成功风险，不建议使用。如果老板的话总是迂回婉转，让人似懂非懂，最简单的方法就是坦诚地询问，直到搞明白为止。

微笑不总代表开心

微笑的猩猩

地球上的生物中，只有人类和一部分灵长类会笑。回想一下，你见过鸭子或者天鹅笑吗？如果有会笑的青蛙，那表情应该很恐怖吧。社交场合，微笑是最好的润滑剂。微笑是一种在百米外就能被人识别的面部表情。餐厅的服务员在结账时面带微笑，得到的小费会比板着脸的人多50%。

人类从 19 世纪就开始研究微笑了，当时的科学家发现，当一个人发自内心地微笑时，眼角周围的肌肉会收缩，产生“乌鸦脚似的”皱纹，而假笑只牵动颧骨附近的肌肉，使嘴唇上翘。近来的研究表明，10 个月大的婴儿已经学会“皮笑肉不笑”的本领了。婴儿在看到陌生人时，会露出假笑；当母亲靠近时，才会露出真心的微笑。

微笑源于快乐，人越快乐，颧肌主要肌肉群收缩越强烈。但这并非定律，当人感觉悲伤、厌恶、尴尬时，颧肌主要肌肉群也会收缩。因为尴尬而微笑，人多半耷拉着下巴；因问候而微笑，眉毛上扬；为了彰显实力而微笑，人会抬起下巴，蔑视对方。

微笑不是浮于表面的东西，它附着在整个身体上。真心的笑，嘴角上翘，眼睛眯起，负责笑容的颧骨主肌和环绕眼睛的眼轮匝肌收缩，其结果就是带着笑容的人脸上出现了皱纹。真情流露的笑容是自发产生的，不受意识支配，因此，除了反射性地翘起嘴角之外，大脑负责处理情感的中枢还能指挥眼轮匝肌缩紧，使眼睛变小，眼角产生皱纹，眉毛微微倾斜。

假笑只是收缩脸部肌肉，咧开嘴，或者抬高嘴角。假笑只是将笑容堆积在嘴角，眼睛没有笑意，全身也没有很兴奋的反应。还有一种非常夸张的假笑，面部肌肉强烈收缩，整张脸挤作一团，造成眼睛眯起的假象。但是，眼角的皱纹和倾斜的眉毛是没法假装的。如果你遮住一个人的脸，只露出眉毛和眼睛，依然能轻松地分辨出真笑和假笑。如果是真笑，眼神、眉毛也有相应的变化；如果是假笑，看到的就只是一双无神的眼睛。

心理学家说，真笑还是假笑，凭借面部表情就可以判断出来。麻省理工的技术人员则设计了一个电脑程序，用计算机分辨人类真伪笑容之间的差异。当遇到令人沮丧的任务时，90% 的人会选择微笑。而且，出于沮丧和出于愉快做出来的静态笑容是类似的。计算机程序分析了笑容的连续过程，才找到两者之间的细微差异。愉快的笑容是循序渐进、逐步形成的，因为沮丧强装出来的笑容则来去匆匆。

笑容有好几十种，如微笑、苦笑、嘲笑等。人在笑的时候，或者咧开嘴角，露出牙齿；或者双唇抿住，嘴角上扬；或者眼睛眯起；或者下巴略抬。从笑容的不同形态，可以看出当事人的性格。“哇哈哈”地开口大笑的人，性格开朗，心里轻松，笑起来声音很大，给人很豪迈的感觉；“哧哧”地笑的人，性情温顺，应该是谨慎保守的老好人。

奥黛丽·赫本的微笑

美国的精神病学家拉马钱德兰在《大脑？还是幽灵？》一书中写道：“当发生了意想不到的、需要提高警惕的事情时，人会紧张起来；但当弄清情况后，如果发现这个事情对自己并没有威胁，人会笑出来。”

你站在街边，一个凶神恶煞的大汉走到你跟前，你不知道他是何目的，瞬间紧张起来，可是，没想到那人只是向你问路，一瞬间，你紧张、不安的心放了下来，脸上不由得露出了笑容。人在感到危险时会紧张，当发现危险并不存在时，就会自然地笑出来。心理学家对此的解释是，笑能够缓解紧张状态，当危险信号解除时，人通过微笑达到心理上的平衡。讨好的笑和谄媚的笑都是缓解紧张的方法。

笑容本身是为了缓解紧张感，但冷笑、嘲笑等反而会导致不愉快。在不太自然的情况下大笑，则会让人感觉是故意显得自己很了不起，很豪爽，内心却有强烈的自卑感和不安，需要用笑，尤其是夸张的笑来隐藏。有人喜欢抿着嘴笑，这种笑让人感觉不舒服，具有轻视他人表现自己的优越感的意味。

对个人来说，真笑和假笑对身体都是有益的。真笑能刺激大脑的愉快中枢，使人兴奋；而努力假笑也会刺激大脑中和愉快有关的区域，令人兴奋。因此，当你失落、郁闷或难过时，不妨对着镜子，提起嘴角，眯起眼睛，做出类似于真笑的动作，按照詹姆斯“因为哭，所以悲伤”的理论，假笑也能带来放松、宽心的效果。

点头 yes 摇头 no

点头和摇头是身体语言的一部分，也是口语交流过程中，配合语言存在的动作。人在说话时，头部动作很多，而且很随意，尤其是点头、摇头这两个动作，使用的频率非常高。不管什么人，什么场合，个人克制力如何，人们总会有意无意地点头或摇头。有时候，为了表明自己的态度，会出现明显的点头和摇头，但大多时候，这两个动作是不自觉的行为，当事人根本意识不到。

点头、摇头作为身体语言是怎么来的呢？行为学家认为，摇头这个动作是从婴儿期形成的。如果婴儿吃饱了，就会将头侧向一边，拒绝母乳或者母亲递过来的勺子，好像在说“不要，我已经饱了”。点头则是一种屈服的行为，向对方低头，代表“我服你”“你说了算”。

学英语的时候，有一句顺口溜这样说“来是 come，去是 go，点头 yes，摇头 no”。在世界上大多数国家中，点头表示肯定，摇头表示否定，连天生的聋哑人和盲人都懂得点头和摇头的意思。但也有一些国家情况不太一样。

在一些国家，点头或摇头有时并不代表肯定或否定。例如，在近在咫尺的日本，点头的含义除了肯定，还有更丰富的内容。与人谈话时，日本人频频点头，意思是“您的话我听到了”“咦？是这样吗？”因此，如果日本人朝你点头，不一定代表他认可或同意你的意见。

在希腊、土耳其和西西里岛，人们用点头表示肯定，用扬起脖子表示否定。在印度、保加利亚和巴基斯坦，朝两肩轻轻地摆动脑袋代表肯定，大幅度地摇头才代表否定。在其他国家的人看来，朝两肩摆动脑袋的动作非常像摇头，因此有时会引起误会。

看印度电影时，人们发现印度人说话时总是摇头晃脑的，由于文化不同，对于他们的动作很难理解。一直有传言说，印度人的头部动作含义和我们正好相反，我们是点头 yes 摇头 no，他们是点头 no 摇头 yes。简单地这样说，其实有失偏颇。实际上，印度人说话时点头摇头有很多意思，为了消除人们对“印度式摇头”的误会，一位印度人特意在

YouTube 上发布了一个视频，特别详细地讲解了印度人点头摇头的含义。

简单来说，和印度人谈话时，如果他对你点头或者左右轻轻摇头，代表的是肯定；如果他对你左右大幅度地摇头，代表的是否定；如果他斜着头，幅度不大地左右晃，代表的是不确定；如果他闭着眼睛，不断地点头，不要乱想，他只是在享受音乐。

一边说话，一边点头或摇头，这一幕情景当事人可能不太清楚，但当事人清楚与否并不重要，只要旁观者看得清楚就好。通过点头和摇头，旁边的人可以清楚地了解说话人内心的秘密。或许你会问，不是点头 yes 摇头 no 吗，还有什么秘密可言？如果你真的这样认为，未免有些以偏概全了。点头和摇头代表的心理学秘密，着实值得我们深入地研究一下。

萧筱是一个房地产经纪人。在公司里，说到察言观色、随机应变，没有人比得上萧筱。她非常善于捕捉客户的眼神、语调和一举一动，只要看到对方情绪不对，她立刻就会改变谈话策略，绝不让客户有说“不”的机会。凭借这一本领，萧筱月月都是公司里的业务冠军，同事们都非常好奇：“萧筱到底有什么独门秘籍啊，为什么她的客户一个跑掉的都没有？”

上个星期，萧筱接待了一对刚结婚的夫妻。和这对客户简单寒暄两句后，萧筱就进入了正题。她首先了解了对方的要求和能够接受的价位，根据收集到的情况，推荐了两套房子给他们。一套面积大，装修好，但是距离市区比较远；另一套则相反，市区内的房子，面积不大，装修一般，但周边配套比较完善，超市、菜市场、药店、银行、邮局、地铁站都在附近，还有一座新开业的美食城。

萧筱一边介绍情况，一边观察小两口的反应。她发现，丈夫对第一套房子好像很满意，听介绍的时候，他不住地点头，还用眼神示意妻子，只是，他的点头动作有点太频繁了，而且如果他认可房子的情况，怎么会一点疑问都没有呢？

说到第二套房子时，丈夫的举动收敛了很多，但当他听到萧筱介绍周边的配套设施时，眼睛突然一亮，和妻子对视了一下，妻子轻轻地点了下头。看到这个小小的举动，萧筱心里有底了。她放弃了第一套房子，向夫妻俩重点介绍第二套房子的情况，把房子的具体情况、小区环境、周边路况一一介绍了一遍。结果如她所料，几乎没费什么工夫，年轻的夫妇就交了定金，约好下个星期去看房。

萧筱从以往的工作经验中总结了很多方法，比如，与客户交谈时，如果客户认可你的观点，他在说话时会不经意地点头；如果对方点头次数过于频繁，那不是认可的标志，而代表对方对听到的介绍不感兴趣，不耐烦。萧筱本来就是细心的人，再加上善于学习和总结，这一次，她又赢得了两位有价值的客户。

如果细致分析点头、摇头的动作，可以将其分为缓缓点头、快速点头、缓缓摇头、快速摇头，动作的速度不同，表达的含义也有差别。比如说缓缓点头。听话人每隔一段时间点头，速度缓慢，不是点一下，而是点两三下，说明听话人对谈话内容有兴趣；快速点头可能是认可，也可能是在表达不耐烦，尤其是一边说“好好好”或“我知道啦”时，说话人最好知趣一点，不要说了，因为对方已经不想听下去了。

缓缓摇头是明显的否定，不同意对方的观点，没有听懂对方的意思或者不打算按照对方的要求去做时，听话人就会摇头示意。女孩在表达害羞和腼腆时，会加快摇头的速度，小幅度地快速摇头。如果伴随低头，那一般就是害羞了。

第四章

内涵丰富的五官

人类表情传递着丰富多样的信息，最早的时候，面部表情是来自人类本能的生理反应，随着社会的发展，表情逐渐具有了社会意义。比如，恐惧的表情能帮助人类祖先在残酷的环境下生存。恐惧往往伴随着精神高度集中、瞳孔放大等生理现象，有助于对突发状况做出反应。微笑的表情则有助于睾酮的产生。

闪闪惹人爱的大眼睛

在形容人的眼睛美时，人们常说："看他那水汪汪的大眼睛，好像会说话一样。"其实，人的眼睛不是看上去会说话，而是真的会说话。如果你更多地了解了眼睛的语言，就会发现，原来"眼睛是心灵的窗户"这句话不是比喻，而是陈述事实。

瞳孔是动物或人眼睛内虹膜中心的小圆孔，是光线进入眼睛的通道。瞳孔可以控制进入眼睛的光线，进而保护眼睛。瞳孔的变化在不知不觉中发生，也在不知不觉中将本意传达给对方。瞳孔只有两种变化——放大或缩小，但是人的心理变化是多样的。而且，心理变化的速度要比人的眼睛快很多。那么，瞳孔如何反映内心，我们又该如何根据细微的变化推测其中蕴含的丰富的心理呢？

人可以控制面部表情，但是不能控制瞳孔，瞳孔的变化恰好能告诉别人你的喜恶。当人看到喜欢的人或事物时，瞳孔会放大，增加信息量；看到不喜欢的人或事物时，瞳孔会缩小，减少信息量。当大脑从事超负荷的劳动时，瞳孔会缩小，以减少刺激的进入；当人感到紧张时，瞳孔也会缩小，这是人类固有的生理反应。

与人交谈时，人会表达内心的情绪和情感，激动、愤怒、惊讶、悲伤、怨恨等，此时，眼睛就会做出相应的反应。懂得观察对方的眼睛，与对方进行眼神交流，就能看出对方心中所想。纳瓦罗说，当人说谎时，会出现更多的眼神接触，不要以为直视眼睛就代表真诚，说谎者是想探明你是否相信他。因此，一个人看着你的眼睛并不代表他告诉你的就是真相。

睁大眼睛的含义很多，具体判断时，还要和脸部的特征结合起来。睁大双眼的同时眉毛高耸、脸颊凹陷，表示的是恐惧；睁大双眼的同时扬起眉毛、面带笑容，表示幸福或感兴趣；睁大双眼，迅速一瞥之后回归正常，代表惊讶。当人们觉得某些事物很恶心、很反感时，会眯起眼睛，眼睛眯得越小，厌恶感就越强烈。

积极的情绪会使一个人的瞳孔扩张，消极情绪则会让瞳孔收缩。情绪沮丧时，人的眼睛无神，瞳孔收缩；这时，如果听到一则令人振奋的消息，瞳孔会从收缩转向扩张。美国心理学家埃克哈特·赫斯在瞳孔运动研究方面颇有建树。他在研究中发现，当人处在兴奋状态，瞳孔会比正常时大4倍。

人们常说，在与别人交流时要认真看着对方的眼睛，正确的做法是认真看着对方的瞳孔，因为瞳孔的变化会把对方心中最真实的感受告诉你。研究表明，瞳孔的扩张会让人看起来更迷人。因此，为了吸引顾客购买商品，大街上那些巨幅广告上的模特除了光鲜亮丽、长相迷人之外，还有一双炯炯有神的大眼睛。实际上，在后期制作时，模特的眼睛是经过修饰的，她们的瞳孔经过了人为的修改，比原图扩大了很多。

陌生人初次见面，会在短时间内形成对彼此的第一印象，这一印象取决于人眼看到的东西。男人和女人初次见面，四目相对，如果瞳孔扩张，很显然，他们彼此产生了爱慕之情，甚至一见钟情。有一种说法是，恋爱中的女人最美丽，看起来容光焕发，非常有魅力。那是因为她们和爱人在一起时，内心非常喜悦，喜悦的情绪表现在脸上，瞳孔就会比平时扩张一些，因此看起来更迷人。

目光呆滞通常被看作精神游离、感到厌烦的表现。当你对朋友讲发生在自己身上的趣事时，你自己沉浸其中，乐不可支，一抬头发现，朋友已经目光呆滞很久了，很显然，他们对你的故事并不感兴趣，甚至感到厌烦。和异性约会时出现这种情况，就表明你没戏了，对方不喜欢你。

肖敬和他的同事刚抓了一名嫌犯，名叫李继，40多岁的北方男子，是珠宝店连环抢劫案的主犯之一。审讯时，李继态度很好，愿意合作，将有关抢劫案的一切都说了出来，但是他一口咬定是一个人作案，没有同伴，好像早已做好了为同伴牺牲的准备。肖敬已经根据现场的录像带了解到，嫌犯一共有三人，李继和一个人持枪进入珠宝店抢劫，另外一个同伙将车停在巷口接应。

可是，李继坚持说只有他一个人，这让审讯无法继续。他们必须尽快找出另外两名甚至更多的同伙，这时，一位到李继老家走访调查的同事提供了有利的情报。原来，李继这次是和两位高中同学一起出门的，他跟家里说“和两个哥们儿到南方做点小生意”，走访的警察还拿来了李继同学的照片。

肖敬认为，既然他是和同学一起离开家的，和他一起作案的可能就是这两位高中同学。于是，他们向李继展示了几十张照片，要求他在看到照片的同时，讲述他所知道的关于照片中人物的情况。当然，肖敬对他讲的内容并不感兴趣，因为他肯定不会说实话，让他看照片的目的是希望通过他的身体语言，找到和他一起作案的人。

肖敬注意到，当李继看到其中两个人的照片时，眼睛突然睁大，瞳孔迅速收缩，并且轻轻地眯了一下眼睛。很显然，李继并不想看到这两个人。由此，肖敬判断，这两个人很可能就是他的同伙。最终，肖敬在李继的老家找到了另外两个共犯，他们的确是李继的高中同学，三个人曾经是最好的哥们儿，人称“铁三角”。只可惜，三人纷纷下岗后，生活压力大，微薄的收入根本不够养活老婆孩子，所以才起了邪念，“想一下搞一大笔钱”。

两名共犯被捕后，经过审讯，他们都供认了犯罪的事实。李继到最后也不知道警察是如何找出他的同伙的。其实，虽然他嘴上没说，但通过身体语言为警方提供了线索。说到底，也算是他把同伙出卖了吧。

在美国，自由派看见马丁·路德·金的照片时，瞳孔会放大，因为马丁·路德·金是自由派的代表。当自由派看到保守派领袖的照片时，他们的瞳孔会缩小。一位心理学家曾经给被试者呈现不同的图片，结果发现，那些能够引起性唤起的图片会使被试的瞳孔放大。疼痛、毒品、酒精也会让瞳孔放大。交警在进行酒精测试时，完全可以根据瞳孔的变化判断司机是否饮酒。

在给单身男女、未养育儿女的夫妻和已为父母的夫妻展现婴儿照片时，女性的反应都是瞳孔扩张，不管她是单身、未育还是已为人母；相反，单身或者没有孩子的男性在看到婴儿的照片时，瞳孔反而缩小了，而已为人父的男性看到婴儿照片则会瞳孔扩张。这样看来，女性对孩子的喜爱是真情流露，这大概就是女人作为母亲的天性吧。

胸有激雷，面如平湖

有这么一句话：“顺，不妄喜；逆，不惶馁；安，不奢逸；危，不惊惧；胸有激雷而面如平湖者，可拜上将军。”意思是说，一个人，如果胜利而不妄自狂喜，失败而不惶恐气馁，内心波涛汹涌而不露声色，可拜他为大将军，即此人可成大事。

人们认定能做到“胸有激雷，面如平湖”的人可成大事，因为能做到这一点的人实在不多。且不说个人心理素质，控制欲望和冲动的能力如何，单说人的面部表情就不可能“面如平湖”，尤其是在“胸有激雷”的情况下。有些表情是不自觉的，超越意志力控制范围的。因此，内心平静，外表或许能装个开心、忧伤或者颓废，但若内心早已波涛汹涌了，脸上还能平静如湖水，那么确实不是一般人。

因为医疗检查，文婧星期一上班迟到了两个小时。不过，她已经提前告知主管迟到的原因，回到办公室后，又进行了一遍口头解释。为了将落下的工作补上，文婧放弃了中午休息的时间，午饭也是在一堆文件中草草解决的。

即使这样，还是有人惹得文婧不痛快。事后她才知道，她堵在高架桥上时，有人打电话到家里查她是否无故缺勤，同时给行政主管打电话说：“文婧已经不是第一次这样了，她这人就是这么散漫。”接着，文婧接到了骚扰邮件，里面除了看不下去的文字，就剩下标点符号了。

“真是无聊透了，吃饱了撑的没事儿干吗？”因为实在太生气了，文婧在办公室里发起火来：“花这么多精力搞这些鸡毛蒜皮的小事，有本事把自己的工作做好啊！”所有人都知道文婧说的是谁，上个月因为文婧抢了他们组的项目，英花一直对她怒目而视，恨不得文婧从楼梯摔下去，一直滚到地下室。说穿了，还不就是嫉妒。两个人针锋相对，同事被夹在中间无所适从，有时还要忍受不相干的窝囊气。文婧对此也很不好意思，可是一件件事情堆积起来，连心平气和地工作都做不到了。

文婧的爷爷当年为她取的这个名字，寓意文静，不过很遗憾，文婧的性子和文静一点都不沾边，沾火就着，喜怒哀乐全都写在脸上。内心波涛汹涌，外表平静如常，对文婧来说是不可能的。文婧向来以“胸有激雷，面如平湖”鞭策自己，只可惜，即使再想装得平静，如果难熄心中怒火，真实的内心便会被表情出卖。

人在快乐时，额头平展，眼睛闪光，嘴角向上提，面颊上提；惊喜时，眼眉高挑，眼睑睁开，下颌张开，轻微地吸气；愤怒时，眉头紧皱，鼻翼扩张，如果在愤怒中大哭，表情变化会更明显；恐惧时，眼睛睁大，额头有平行皱纹，上眼睑上抬，口微张。如果严重恐惧，面部肌肉全部紧张，嘴、眼、脸颊的动作幅度更大。

同一张脸上，或者不同人的脸上先后出现快乐、惊喜、愤怒、恐惧、厌恶等表情，我们都能清晰地分辨，继而根据对方的表情推测其心理，做出行为判断。实际上，人的表情非常之多，早已超过了人类能够分辨的数量。

如果将参与构造表情的面部肌肉进行排列组合，能够形成约4000万种不同的面部形态，这个数字并没有将肌肉不同的收缩程度算进去。当然，不是所有的肌肉形态都能构成表情，但至少我们可以想象一下，人类表情可以多么丰富。

人类的某些表情是与生俱来的，是跨文化和跨地区的。从中国到巴西，从新几内亚到津巴布韦，不管人们使用何种语言，形成何种文化，愤怒、厌恶、恐惧、惊讶、快乐和悲伤的表情为人类所共有，而且，引发这六种基本表情的面部肌肉也是一致的。

人类表情传递着丰富多样的信息，最早的时候，面部表情是来自人类本能的生理反应，随着社会的发展，表情逐渐具有了社会意义。比如，恐惧的表情能帮助人类祖先在残酷的环境下生存。恐惧往往伴随着精神高度集中、瞳孔放大等生理现象，有助于对突发状况做出反应。微笑的表情则有助于辜酮的产生。

时至今日，人们不仅能阅读表情，了解表情代表的社会含义，还能从微表情中看出伪装，读出内心的秘密。微表情不容易被发现，99% 的人看不到那个转瞬即逝的信号,但是保罗 · 艾克曼做到了。在艾克曼之前，没有人进行过微表情的研究，并不是没有人对这一领域感兴趣，只是大多数人觉得这个研究不太可能，也有人用错了方法，因此没能坚持到底。

《别对我说谎》是根据艾克曼的研究撰写的一部电视剧，剧中莱特曼博士的母亲玛丽曾经是一位精神病人，她对医生说，她已经不再感觉沮丧，希望周末和家人团聚，获准回家后，玛丽选择了自杀。这段记忆让莱特曼痛苦不堪，当他成为微表情识谎专家后，经常一个人躲进自己的房间，反复观察母亲和医生的访谈视频，试图找出母亲撒谎的证据。

这段情节对应着现实中一个真实的例子。艾克曼在他的著作中提到一位也叫玛丽的家庭主妇,她也请求回家,获批后,她坦白自己是在撒谎，以获得自杀的机会，因为她感到悲观和绝望。三个月后，玛丽的病情有所改善，此后多年维持正常。

如果你在精神病院工作,住院的一位患者曾经试图自杀,过些天之后，患者突然告诉你：“我现在感觉好多了，我可以出去过个周末吗？”这时候，你要如何选择呢？精神病人经常会提出这样的要求，而且会发誓说自己说的都是真话。他看起来状态不错，而且非常诚实，你要怎么做呢？如果你准许他离开医院，结果他趁机自杀，影响是非常糟糕的，但如果他说的是实话呢？

玛丽是如何骗过那些经验丰富的医生和心理学家的呢？她曾经三次

尝试自杀，却能用轻松、愉快的表情对医生说“我现在感觉好多了”，她是怎么做到的？这个问题曾经困扰了艾克曼很久。后来，艾克曼将分辨人是否在说谎作为研究的一部分。

艾克曼找到了玛丽的谈话录像，当他用非常慢的速度播放时，发现了玛丽脸上一闪而过的强烈的痛苦表情，时间持续非常短，只有1/15秒。这种瞬间发生的非常强烈的表情就是微表情。如果一个人心神不宁，同时神色自若地撒谎，他的身体语言就是识破谎言的钥匙。

在司法案件中，阅读嫌疑人的表情，或许能找到破案的线索。尤其是在一起案件没有作案现场，没有作案痕迹，没有具体的作案时间，也没有具体嫌疑人时，如何认定嫌疑人，并且在嫌疑人未供述的情况下收集线索，可能就要靠阅读微表情了。

一家银行遭遇了现金被窃事件，失窃近30万元人民币。银行金库闲人很难进去，因此最大的嫌疑人就是银行的内部人员，可能是金库管理者，可能是柜台营业员，也可能是办公室里的职员。可是，7名曾经接触过这笔钱的嫌疑人都矢口否认，声明自己是清白的。警方找不到任何线索，案件陷入僵局。

如果能从嫌疑人口中获得线索，警方就会有追查的方向，关键是如何撬开他们的嘴，让嫌疑人哪怕露出一点蛛丝马迹也好。无奈之下，警方找到了犯罪心理学家魏晋协助调查。魏晋分析，作案的人如果想拿到钱而不被人察觉，就要清楚时间、地点，还要避人耳目，银行的钱每天在柜台、走廊、金库之间流动，他是哪一时刻，在哪个地方下的手呢？更重要的一点是，窃贼为什么要拿这笔钱，作案动机是什么？

调查过银行内部人员的背景后，魏晋首先和赌博、炒股、包二奶、做过保密工作的人分别进行了商谈，一轮过后，他锁定了嫌疑人谭俊。谭俊在部队待了多年,转业后到银行担任押运一职。审讯时,魏晋发现,谭俊的心理素质非常好，面对警方的审讯，他一个字都不说，但是，当魏晋直接问他“钱是你拿的吗？走廊、金库、柜台，哪个地方更方便作案”时，谭俊的表情僵了一秒钟，之后继续保持扑克脸式的沉默。魏晋认定，窃贼就是谭俊，而且是他一个人干的。当警方循着魏晋提供的线索找到赃款时，谭俊非常惊愕，因为他什么都没说，警方却掌握了所有线索。

左眼左看，右眼右看

每个人在观察世界时，眼球运动都是不一样的。每个人的眼球都有自己独特的运动轨迹，根据这一特点可以鉴定一个人的身份。以前，进入保密单位的大门或者办公大楼时都需要使用智能卡，或者输入一连串很长、很复杂的密码，后来人们发现，用扫描眼球的方法要简单方便得多。

眼球的运动方式是一项可靠的指标，能够显示出特别的信息。来自芬兰的研究人员调查过广告及其投放位置对在线阅读的影响，统计数据表明，突然弹出的广告最容易让正在浏览网页的人分心；和设置在页面右下角相比，设置在页面上方的广告更能令人分心；动静结合的广告比单纯动态或者单纯静态的广告更有效果。

专家和新手的眼球运动轨迹是不同的。英国的研究人员对比了有经验的外科医生、实习医生和医学院学生参与模拟手术的过程。有经验的外科医生的眼球运动完全在呈现手术过程，每一个步骤都有相应的眼球运动。在学习能力方面，实习医生比医学院学生表现更好，他们更关注如何移动手术器械。

男人和女人看同一幅图时，眼球运动的轨迹是不同的。研究人员对来自不同国家的200多名参与者进行了调查，参与者有20秒的时间观看女性的图片。所有参与者都关注了图片中女性的面部，而男性参与者所花时间更长。此外，男人更关注图片中女性的胸部，女人则关注图片中女性手指上的戒指。

眼球的运动方向能显示出一个人是诚实还是撒谎吗？中肯的答案是：在某种程度上可以。通过观察眼球运动分辨谎言并不像电影、电视剧里的情节那样简单，如果警察简单地和嫌疑人聊两句，然后观察嫌疑人眼球是向左动，还是向右动，就能轻松地推断出其是否诚实，那就太武断了。事实上，即使能够推断，也需要进一步的调查寻找实证，任何没有经过调查就做出的判断都是愚蠢的。

如果你让一个人“想象一头有梅花斑点的狮子”，那么他的意识会在构造视觉上创造出一头有梅花斑点狮子，眼球的方位就会停留在右上方。如果你问他“你的袜子是什么颜色的”，他的眼球会转到左上方，去记忆视觉上寻找答案。

也就是说，当一个人望着右边时，他在呈现一个虚构的、想象的事件；如果他看向左边，可能是在呈现一段真实的记忆。因为这个原因，说谎者在编造谎言时往往看着右边。此外，眼球水平向右，代表一个人在构想一个从没听过的声音；眼球水平向左，代表他正在回忆里找寻听过的声音。眼球朝向右下方，代表他在调用味觉、感觉、嗅觉；眼球朝向左下方，表明他在自言自语。

当大脑做真实回忆时，眼球会向左上方转动；说谎时，眼球的运动方向正好相反，向右上方转动。如果想知道一个人是否说谎，你可以问一些必须要回忆才能想起来的细节，然后观察他的眼睛。提醒一下，问的问题要有些难度，“你吃饭了吗？”“工作进行得怎么样？”这类问题过于简单而且不需要回忆，眼球是不会明显运动的。

你需要问一些复杂的，需要稍微回忆才能回答的问题，比如，“你是什么时候认识王教授的？”“上个星期在书店碰到了前女友吧，你们说了些什么？”如果对方不经思考就回答，他给你的很可能是一个编好的谎言；如果他的眼球向左上方移动，说明他在回忆当时的情况；如果眼球向右上方移动，他的大脑正在飞速运转，构想一个说得通的答案。

美国犹他州大学的研究人员根据这个理论开发出了一种新的测谎工具——眼球测谎仪，即根据眼球运动的轨迹来判断某个人是否说谎。受测者将在计算机上回答是非题，计算机会记录他们作答时的反应。

说谎要比说真话多花心思，因此，说谎者的表情是有迹可循的，比如瞳孔扩张。这些微妙的反应在瞬间发生，人眼很难察觉到，但精密的测试系统能够将其分辨出来。传统的测谎仪测量的是一个人撒谎时的情绪反应，根据情绪变化引起的生理波动进行判断，眼球测谎仪则依据一个人对某件事的认知反应。

不过，英国的心理学家怀斯曼教授一直在呼吁，眼球运动轨迹并不能说明一个人是否说谎，建议人们不要使用这种方法测谎。为了证明眼球运动测谎的不可靠，研究者用摄像机拍下了说真话者和说谎者的眼球运动轨迹，接下来，让另一组参与者观察视频中的人是否说谎。在第一个实验中，研究者发现，说谎和眼球轨迹并不存在关联；第二个实验证明，观察眼球运动轨迹并不能帮助人们明辨谎言。

如果你觉得上面说的这些都是胡扯，最好的方法是亲自验证。眼球运动只是提供线索，不能以此绝对地判断一个人是否在说谎。在下结论之前，还应该结合其他身体语言，分析了全部的基本行为后再做判断。亲自试试也不错，找一些对应的问题，问问你的家人或朋友——如果他们愿意当你的“实验小白鼠”的话，然后将观察到的眼球运动记录下来。

眼球运动的心理变化适用于绝大部分人，但不是所有人，左撇子的眼球运动和右撇子的情况就正好相反。还有，如果被观察者发现有人观察自己，他就可以保持眼球不动，即使动，也不是自然地运动，观察到的结果是不准确的。此外，如果被观察者的眼球发生病变，这个理论就不适用了。

用眼神杀死你

人类是视觉动物。眼球后方拥有对光线非常敏感的角膜，角膜上有1.37亿个细胞，通过这些细胞，外界输入的信息能够传导到大脑，构成人的视觉印象。感光细胞工作效率非常惊人，可以同时处理150万个信息，也就是说，在转瞬即逝的眼神中，已经有千万个信息从大脑发出，通过眼神表达情感和意向。

从生理学的角度看，眼睛是人类器官中最灵敏的，其感觉涵盖了所有感觉的70%以上。在生物界，能像人类一样识别各种颜色的只有猿猴。视觉位居“五官之王”，足以支配其他的感官。当我们品尝食物时，绝不会仅靠味觉分辨，食物讲究色、香、味，这“色”便是通过眼睛来分辨食物的好坏，还有装盛方式、排列方法等。

在阴暗的房间里用餐，即使服务员告诉你这是一道美味佳肴，你的心里也会产生不安的感觉，眼睛看不到，心理上没有安全感，无心品尝，胃口也会大减。反之，在整洁的餐厅里，光线明亮，用精致器皿装盛的食物则使人产生良好的情绪。而一间餐厅的服务好坏，从服务员放下盘子，转身瞬间的眼神就可以看出来。

关于眼神的作用，早在战国时期，孟子就说过："存乎人者，莫良于眸子。眸子不能掩其恶。胸中正，则眸子瞭焉；胸中不正，则眸子眊焉。听其言也，观其眸子，人焉廋哉？"意思是观察一个人，最好是观察他的眼睛。因为眼睛掩盖不了一个人内心的丑恶。心地光明正大，眼睛就会明亮；心术不正，眼睛就会灰暗无神。透过一个人的眼神，可以窥探人的内心世界。一个人的内心有什么样的欲望或情感，必然表露在视线上。通过视线了解他人的心态，对人与人之间的交往非常重要。

事实上，通过眼神来传情达意，是一种普遍现象。古时候，人们用心许目成、暗送秋波形容情人之间的眼神交流，如今依然使用的词语，如眉来眼去、含情脉脉、眉目传情、一见钟情，也都是用眼神代替话语传递情意的例子。此时无声胜有声，眼神并不能构成任何话语，却如千言万语随心传播。正如古罗马诗人奥维特所说，沉默的眼光中，常有声音和话语。

目不转睛地盯着对方，视线固定，久不移开的女性，其内心藏有某种秘密。男性的目光注视是为了观察女子的体形和外表，寻找心理上的接触点。男女不时地对视，是为了将对方引导到自己心上。至于"暗送秋波"，女性优于男性，只要流波转盼，就可以达到含情脉脉，一切尽在不言中的效果。

王菲在歌曲《传奇》中唱道："只是因为在人群中多看了你一眼，再也没能忘掉你容颜。"情人之间的传情达意往往都是从眼神开始的。对异性只看一眼，然后故意将视线移开，恰恰表明其心已生爱意，渴望与之交往，眼神回避不过是心理的反向作用。

火车上或者公交车上出现一位年轻貌美的女性，所有人的眼光都集中在她身上，但是年轻男子会很快将脸扭向一边，转移自己的视线。对于美女，他们可能比任何人都感兴趣，但是基于压抑作用，他们产生了强烈的自制行为。兴趣、欲望更大的人，便会使用斜视来偷看。想看清对方，却又不愿让对方知道自己的心思，基于这个心理，才会出现这种独特的眼神。

与人交谈时，有无视线接触，可以说明对方对自己所说的话是否有兴趣。如果对方完全不看自己，便是没有兴趣。如果对方眼神沉静，说明他已经对所谈的问题胸有成竹，稳操胜券，当然，如果对方城府太深，老谋深算，你也只好静观其变了。

当你向某人求助时，他的眼神散乱，说明他有些不知所措，对你的要求有些猝不及防。如果过了一阵子他的眼神依旧如此，那他或许真的没有办法帮忙，即使你再着急，也是徒劳无功的。这时候，不必浪费时间，还是自己想办法吧。

及时的眼神交汇是真诚、友好交谈的前提。当然，如果你走在路上，发现陌生人一直盯着你，试图与你进行眼神交流，你心里一定会感到不安，甚至感到害怕。不认识的人，眼神偶然相交的时候，便会立刻移开。因为人们会觉得，被别人看久了，自己就会被看穿心思或侵犯隐私。如果是亲人、朋友，则会默许彼此视线相交，这样便于交谈和心灵沟通。同样是避开视线的行为，受人注意时，人们也会移开视线，尤其是当心有愧疚、有所隐瞒时，就会产生这种现象。

一位名叫詹姆士·薛农的建筑家曾经画过一幅抽象画，内容是一只皱着眉头的眼睛。他将这幅画镶于大透明板上，悬挂在几家商店前，目的是借此减少偷窃行为。果不其然，在这幅画悬挂期间，商店的失窃率大大降低。虽然不是真正的眼睛，但对做贼心虚的人仍构成了心理上的威胁。小偷总是极力避开被人盯梢的感觉，即使是假的眼睛，也会让他们对商店望而却步。

由于社会地位、职位的不同，视线接触时的心态定然是不同的。上司和下属讨论工作时，上司的视线肯定是从高处发出，直接投射到下属身上，下属即使没有做错事，视线也要从下而上，以示尊敬服从，这是职位高的人保护自己威严的方法。如果下属采用平视甚至俯视的态度对待上司，上司的权威就会受到威胁。

性格内向的人在与人交往时很容易移开视线。一旦被别人注视就迅速将视线移开的人，大多内心自卑。无法将视线集中在对方身上，或者轻瞥一眼马上将视线收回的人，属于内向而不善交际的人。听别人说话，一边点头，一边将视线放在别处，说明此人对当下的话题并不感兴趣。两人交谈时，将视线集中在对方的眼部、面部，表达的是真诚的倾听、尊重和理解；一边听话，一边忙活自己的事，拒绝眼神交流，是怠慢或者心不在焉的表现。

仰视对方，表示尊敬、信任；俯视对方，表示有意保持自己的尊严。皱着眉头注视他人，是担忧和同情；面无表情地斜视，是鄙视；看完对方，突然笑了，是讥讽；将眼睛瞪得很圆是一种警告；从头到脚地打量对方是一种审视。

有些喜欢戴太阳镜的人，即使在室内或阴影下也不愿将眼镜摘下，是不希望别人从他的眼睛中发现秘密，也代表一种拒绝的态度。香港导演王家卫常年墨镜不离身，甚至有人调侃说“墨镜就像长在他脸上似的”，除了眼睛不能见光这种客观的生理原因，时时刻刻戴着墨镜的王家卫似乎也在表达他对当下电影发展趋势的拒绝态度。

患有孤独症的孩子在和陌生人接触时，眼神交流的时间非常短。美国心理学家理查·科斯曾经做过实验，让孤独症儿童分别和蒙着眼睛、不蒙眼睛的成年人见面，观察他们注视成年人的时间。结果，儿童注视蒙着眼睛的成年人的时间比注视不蒙眼睛的成年人的时间长了3倍。孤独症儿童和不蒙眼睛的成年人一有眼神接触，马上就会移开视线。

不对称的眉毛

眉毛是眼睛的“安全卫士”，在眼睛上方，眉毛就像是一道天然的屏障，对眼睛起到保护作用。当脸上出汗，被雨淋湿时，眉毛能挡住汗水和雨水，防止流入眼睛。同时，眉毛还能遮挡从眼睛上方落下的尘埃、异物。当眼睛遇到来自自然界的危险时，眉毛会和眼皮一起下垂，眼睛闭起。面对即将到来的人为伤害时，眼眉会下意识地低下，但和对待自然界的危害不同，这时人的眼睛是睁开的。当你看到一个人的眼睛下面的面颊向上挤，同时眉毛下垂，眼睛睁开时，这是戒备状态的信号，他可能准备表现出强烈的情绪反应。

曾国藩说，眉崇尚光彩。好的眉毛表“清秀有光、疏爽有气、弯长有势、昂扬有神”。其中，清秀有光最为重要。观察不同的人的眉毛你会发现，年轻人的眉毛光润、明亮，老年人的眉毛干枯而缺乏光彩。

当人的心情发生变化时，眉毛的形状也会跟着改变。柳眉倒竖表示愤怒；横眉冷对表示轻蔑、敌意；挤眉弄眼是戏谑；低眉顺眼代表顺从。仔细观察，你会发现，眉毛就是心情的晴雨表，随时反映人的心情变化。

眉毛是眼睛的外延部分，眼睛是直接表达情绪的器官，而在某种意义上，眉毛能够丰富人的面部表情。眉毛的一举一动、一皱一舒都能反映人的喜、怒、哀、乐。从眉毛入手观察人，也是成为心理间谍的课程之一。眉毛的变化并不如眼睛那样种类繁多，但也不至于贫乏。扬眉剑出鞘、眉飞色舞、剑眉入鬓、蛾眉淡扫、眉头紧锁、喜上眉梢、眉目传情……这些都是形容眉毛的成语，都是眉毛在人际沟通、表达感情上的表现。人的眼睛会说话，眉毛也丝毫不逊色呢。

古代人喜欢从美学的角度形容眉毛，尤其是女人的眉毛。文人常形容漂亮的女子为“柳叶弯眉杏核眼，樱桃小口一点点”，意思是说一位女子眉毛长得像柳叶，中间粗，两边细，这样才好看。不过，从心理学上讲，长这样眉毛的人做事、对人相对真诚，但是给人一种糊涂的感觉。如果眉毛长得像蜡笔小新，好像两只毛虫趴在眼睛上方，性格虽然也会像蜡笔小新那样不够谦虚，但是为人率真，很有人缘。

蜡笔小新的眉毛

一位男性对女性挤眉弄眼，眉毛一挑一挑的，正派而保守的人会认为，这位男士轻浮、缺乏涵养，而如果对面的女士也表现出嬉笑怒骂，那么就和人品、修养没什么关系了，两个人不过是在嬉戏调情而已。除了男女之间的调情，“挤眉弄眼”还可用作指示性动作，一边眉毛上挑，一边眉毛不动，在战争片中，军官有时会以此作为暗示，表示“采取行动的时候到了”。由于眉毛有头发的遮挡，且动作幅度微小，不易被人察觉，因此，人们时常用动眉毛来进行较为隐秘的沟通，不光军事行动会用到，蛇鼠匪类行动时也会用到。

双眉上扬，伴有闪动，此人此刻心情愉快，情绪舒畅；眉毛舒展，眼神平和，不闪躲，表示内心坦然，无亏心之事，心情愉悦；单眉上挑，发布的是指令性的信号，如果同时伴有瞳孔扩张，表明不理解，对对方的话有所疑问。

眼睛瞪得很大，眉毛超乎寻常地抬高，这是一副吃惊的表情。观看魔术表演，当“见证奇迹”的时刻到来时，很容易从观众的脸上看到高耸的眉毛、瞪大的眼睛和张大的嘴巴。有时候，眉毛的内侧会比外侧抬得高，甚至成吊梢眉似的表情，如果内心没有深切的悲痛，是很难做到这个地步的。

人类用轻抬眉毛的方式打招呼，这个动作是自发的，从远古时代就被广泛使用了，不仅在整个人类世界通用，连猴子、猩猩也用这个动作打招呼。把眉毛快速上抬，又瞬间回归原位，这个动作能将别人的注意力吸引到自己的脸上，让对方明白，你正在向他问好。不过，这个动作表达的通常含义并不适用于日本人。日本文化认为，这个动作是粗鲁的、不合礼仪的，甚至被看作一种暧昧的性暗示。

人在感受到侵犯时会本能地将眉毛压低，保护自己的眼睛，同时伴有脸颊的肌肉上抬。两边眉毛同时上扬且相互趋近，即“眉毛打结”，是痛苦表情的一部分，如果不是遭受严重的生理疼痛，就是正经历艰难的心理困境。眉毛倒竖，眼神凌厉，咬牙切齿，如果你看到了这个表情，出于安全考虑，还是走为上策，因为此人正经历极端的愤怒，有可能出手伤人。

皱眉的布什

鲁迅在《自嘲》诗中写道：“横眉冷对千夫指，俯首甘为孺子牛。”这句话是鲁迅的名言，更是鲁迅自身情感和为人处世的真实写照。当一个人横眉立目时，代表他非常愤怒，心中的怒火马上就要迸发出来。接下来，他可能表现出具有侵略性的言辞、行动。

皱眉也能表达一个人的愤怒和厌恶，在表达感情之外，皱眉的最简单原因是身体不适。东施效颦的故事告诉我们，古代的大美女西施连皱着眉头都很美，但对于她本人来说，皱眉头只是心绞痛无法忍受时的痛苦表情。人在遇到伤病、疼痛时会皱眉，这是自然的本能反应。

皱眉还能表达各种不同的心情，一个人对眼前的人、事或者所处环境不满意，甚至感到厌恶，就会皱起眉头；如果他一边笑，一边皱眉头，说明他的内心充满矛盾和无奈；当一个人沉思着皱眉时，说明他遇到了很大的困难。长时间地皱眉，表情忧虑，说明此人心事沉重，试图摆脱目前处境，但迟迟不能实现。

周邦彦在《诉衷情》一词中写道："不言不语，一段伤春，都在眉间。"少女伤春的闲愁，不需要言语表达，都凝聚在蹙皱的双眉之间了。一个人眉头紧锁，是典型的焦虑、忧郁的表情，一旦眉间舒展开来，则代表着其心情变得明朗起来。

有时候，人的眉毛会变得非常奇怪，不对称地扬起或垂下，别人看到的表情就是眉毛一高一低，斜斜地挂在脸上。两条眉毛的位置不同，其实是说明这个人内心矛盾，处在半信半疑、欲言又止、进退两难的状态。

扬眉是一种让人感到轻松、愉快的表情，人在心情舒畅、信心满满的时候才会做这个动作，人们常说的"扬眉吐气""扬眉剑出鞘"，说的就是这种情感。交谈时，如果对方双眉上扬，那就表示他对话题感兴趣，也可能是对你这个人极度欣赏。扬眉的动作会让愉快的谈话继续下去，下面这个案例中的李明亮就因为能够捕捉到客户"扬眉"的动作而在公司里扬眉吐气的。

李明亮是一个工作狂，白天在公司工作，晚上到饭局上应酬，人人都为加班愁，抱怨工作辛苦，他却乐此不疲，好像他就是为了工作而生一般。李明亮有个特别的习惯，喜欢在轻松娱乐间谈工作，而且，他每次都能轻轻松松地把客户搞定。李明亮的撒手锏就是"读心术"，更确切地说，他懂得通过观察人的表情来分析对方的心思，不管是遇到尴尬还是不满，他总是能化险为夷。

上个月，李明亮在一次酒会上谈成了一桩生意。得知目标客户确定参加酒会之后，李明亮翻阅了所有的相关资料，对客户公司的情况，甚至身家背景都了解了一遍。到了会场后，李明亮马上和目标客户坐在了一起。端起酒杯之前，双方都是社交性的寒暄，这一点对他来说并不难。之后，李明亮乘其他人或者跳舞，或者聊天之际，向客户透露了他的意图。

“老弟，休息时不谈工作，这是我的原则。”客户嘴上一直这样说，脸上一副心不在焉的样子。但当他听到李明亮报出的最低价格后，两条眉毛明显地向上扬了扬,脸上露出轻松的表情。他又重复了一遍:“老弟，我不是说了吗，休息时不谈工作。”李明亮听得出来，听了报价后，他的口气已经不像刚才那么生硬了，加之他瞬间转换的表情，李明亮心里有了底。

既然对方接受这个报价，干脆给他来个欲擒故纵:“我知道您的原则，不过如果您再不做决定的话，我恐怕就要和别人合作了。”说着，李明亮从托盘中拿了一杯酒，假意起身去寻找下一个目标。看到李明亮的反应，对方连忙说:“年轻人就是性子急啊！休息时不谈，咱们可以工作时间谈嘛，明天到我办公室来，怎么样？”李明亮坐回沙发上，笑着说:“那好，明天见。”

李明亮之所以敢这么直接而大胆，是因为他已经摸清了对方的心理，知道这位客户需要他的产品，只是在价钱上犹豫。客户的心不在焉只是为了等他降低价格，当他报出价格后，对方眉毛上扬的一瞬间，李明亮就捕捉到了信息，他意识到，这笔买卖准成。

眼睛的一闭一睁

小沈阳在小品里的段子："其实人这一生可短暂啦，眼一闭一睁，一天过去了，嚎！眼一闭不睁，这辈子就过去了，嚎！"从哲学的角度解读，在眼睛一闭一睁之间读出了人生的哲理，从生理学和心理学的角度来看，"眼睛的一闭一睁"则代表身体和心理的变化。

"眼睛的一闭一睁"，就是眨眼。这个动作我们每天都在做，有的人习惯性地眨眼睛，有的人则在特定的场合下才会频繁地眨眼，如等待流星出现时，看电脑太久时，或者与心爱的人面对面时。频繁眨眼一般有三个方面的原因，眼睛干痒、发炎时会眨眼，眼睑肌肉痉挛会导致频繁眨眼，神经紧张也会导致眨眼。前两种情况都可以通过药物解决，神经紧张导致的眨眼则没有什么规律性，和心理状态有关，如果想摆脱频繁眨眼带来的麻烦，需要寻求心理治疗。

通过对方眨眼的快慢可以判断出其是否在说谎，一个人说谎时，他的眨眼速度会下降，因为他需要保持冷静，让自己不露痕迹地睁着眼说瞎话。不过，人只要在说谎，就会控制不住地焦虑、担心，在这种情况下，人会不自觉地快速眨眼。所以，如果一个人眨眼的速度先快后慢，不用多说，他在说谎。另外，眨眼频率快，眼睛扑闪扑闪的，代表着感兴趣，说明此人的大脑正在积极地思考。在聆听精彩的演讲时，你会发现，听众的眼睛都是亮闪闪的，因为他们的大脑正和主讲人积极地互动。

波士顿大学心理学教授约瑟夫·泰切认为，人眨眼的频率和内心的紧张程度有关，如受到巨大压力或者当事人说谎时，眨眼的频率会显著上升。泰切得出的结论来自对参加总统辩论的候选人眨眼次数的观察。泰切研究了从1960年到1996年的总统候选人辩论影像，结果发现，每分钟眨眼次数多的候选人最后都在大选中失利。1996年，克林顿和戈尔共同参加电视辩论，克林顿看起来很轻松，给人以自信的印象；戈尔则显得局促不安。在眨眼次数上，克林顿平均每分钟眨眼48次，戈尔平均每分钟眨眼105次，最终戈尔落选。

眨眼作为一种身体语言，在不同的场合有不同的意义，而且，眨眼的快慢也代表不同的含义。阅读时，人会在每个句子的结尾处眨眼；听演讲时，演讲者停顿时，观众会眨眼。人们都是基于一定的情绪变化才会眨眼的，没有人平时一直在挤眉弄眼，除非他患上了“眼睑抽动症”。

每隔几秒钟，上下眼睑就会相会一次，它们比相隔在银河两边的牛郎、织女幸福得多。人平均每分钟眨眼15到20次，可是，每分钟眨眼3到4次就能达到保持眼球湿润的效果，那么剩下的十多次眨眼是为了什么呢？日本的研究人员发现，人眨眼可能是为了刷新大脑。人的潜意识将眨眼看作心理休息站，眨眼的瞬间，关闭外界刺激，集中思维和注意力，使信息处理更加顺畅。

研究人员让参与者观看喜剧片《憨豆先生》，同时用功能磁共振成像仪观察他们眨眼时大脑的活动区域。观察发现眨眼的瞬间，大脑活跃区域从关注外界的皮层转换到内省式思考的皮层，之后还原。此外，眨眼多出现在情节的分隔点上。

一个人眨眼的次数越少，则越专心，越不希望被打扰。我们形容一个人对某件事感兴趣时，都会说“他目不转睛地看着，连眼睛都不眨一下”。每次眨眼时，眼睛闭合的时间超过了1/10秒，当闭眼的时间变长，则代表大脑想阻止眼前的事物进入视野，是厌倦、无趣的表现。如果在谈话中对方出现眨眼次数变少，而且每次闭眼的时间变长的现象，说明此人开始不耐烦，希望对方尽快结束谈话。

如果你和别人谈话，对方闭上眼睛就不想睁开，持续两三秒钟甚至更久，很显然，他在告诉你："你的话太无趣了，我不想听下去了，赶紧说完走人吧。"这时你应该考虑，自己是不是说错话了，或许应该换一种交谈的方式。一些自命不凡的人也喜欢用延长闭眼时间的方式显示自己高人一等，有时候还将脑袋后仰。如果谈话对象做出这个动作，没有别的意思，他只是在藐视你。

那些喜欢对别人眨眼，尤其是对女性眨眼的男人，一般比较有自信，相信自己有魅力，并且愿意向别人展示自己的魅力，即使没有男神的形象，他们也相信自己的举动能够打动异性。事实上，这个方法很管用，因为自信的举动在别人眼里不是矫揉造作，而是亲切、可爱的表现。

睫毛振动式眨眼指的是眼睛和睫毛一起快速地闭合、打开。这是一种卖弄、花哨的动作，这样眨眼的人同时带着一副扬扬自得的表情，表明此人此刻的心情不错，眼睛扑闪扑闪地眨两下，不过是表现一下自己罢了，并没有贬低别人、抬高自己的意思，因此不用和他计较。如果你不是那么反感，大可随口夸赞对方两句，他肯定心情大好，并且相信"我们的相处会更加融洽"。

连续眨眼一般发生在受了委屈、被人误解快要哭出来时，它代表一个人正在压抑自己的情绪，避免自己太过失态。如果有人针对某一问题发表了一番高谈阔论，对方突然连续眨眼，那说明这番言论和他的观点相冲突，他又不好意思直接表明自己的反对意见。识趣的人会在这时停止滔滔不绝，否则对方会从意见相异转到不满。

人们还喜欢做的一个动作是挤眼睛，挤眼睛和眨眼睛不太一样，前者更像是眉目传情，后者给人一种互动的感觉，好像两个亲密的人在交流信息，代表了两人之间的某种程度的默契。在公共场合挤眼睛是不礼貌的，对亲密伙伴之外的其他人来说，他们会感到自己被孤立或冷待。而且，贸然对陌生人或不熟悉的人挤眼睛，对方可能会感到不舒服，毕竟，挤眼睛也是一个充满挑逗意味的动作。

第五章

举手投足之间

从双脚的动作中,可以看出一个人的性格。性格外向的人脚部动作少,自大傲慢的人也一样,害羞、胆小的人脚部移动则相对频繁。精英人士,不管是男性还是女性,脚部动作都比较少,他们喜欢主宰一切,包括自己的身体。但如果一个人的双脚非常安静,甚至静止得有点过分,那么他可能正在说谎。

站有站相，坐有坐相

俗话说，站有站相，坐有坐相。在中国人的传统观念里，坐姿、站姿、走姿、卧姿都是非常重要的。屠洪刚在歌曲《中国功夫》中唱出了传统文化对外在姿态的要求：“卧似一张弓，站似一棵松，不动不摇坐如钟，走路一阵风。”即卧如弓、站如松、坐如钟、行如风，意思是说，躺倒时要像弓一样弯曲，站立时要像松树般挺拔，坐着要像钟一样端正，行走要像风一样快而有力。

一个人无论是站着还是坐着，都应该有一个好的姿态，举止端庄文雅，落落大方。培根说：“相貌的美高于色泽的美，而秀雅合适的动作美又高于相貌美，这是美的精华。”人的仪态、表情、风度反映了一个人的个人修养、受教育程度和能够被人信任的程度。心理学家通过研究发现，坐姿、站姿也会反映人的心理状态。

生活中，不经意的身体姿势可能出卖你的内心，透露你性格的特点和内心的秘密。拿坐姿来说，凡落座时正襟危坐，两脚并拢，微微向前，脚掌着地的人，性格往往有些刻板，拘泥于形式，做事有条不紊，力求周到而完美，甚至有强迫的倾向；跷着二郎腿的人比较自信，懂得生活，人际关系也很融洽；坐在椅子上，用脚或脚尖带动整个腿部不停地抖动，这种人自私、吝啬，凡事从利己主义出发，对别人苛刻，对自己纵容。

博宇是一家商贸公司的主管，主要负责客户开发、合资经营等业务。博宇行事干练，说一不二，享受在谈判桌上占据上风的感觉，有时会给人以强烈的压迫感。同时，他也是一个非常细心的人，对谈判过程的任何细节都不放过，合作对象也好，业务客户也好，对方代表表现出来的任何细微动作都被他看在眼里，与他打交道次数多的合作方，都会小心自己的每一个小动作、小姿态，生怕做出哪个不适宜的动作，搞砸了生意。不过，初次合作者往往不太了解博宇的习惯，被中途淘汰也在所难免。

近期，博宇要到北京谈一个合作的项目，助手小王经过层层筛选，终于找到三家前景不错的公司。和其中的一家约好商谈的时间、地点后，博宇带着小王如期而至。经过半个小时的洽谈，博宇做了决定："好，贵公司的大概情况我已经了解了，如果有需要，我的助理会再联系你的。""明明洽谈的气氛挺好的，为什么不和这家公司合作呢？"小王纳闷。

等对方代表离开后，小王悄悄地问博宇："主管，我看对方挺有诚意的，这家公司前景也不错，是这三家中最有发展潜力的，为什么不往下谈了呢？"博宇不悦地说："硬件方面还不错，可是你看这公司的代表，刚刚不过谈了半个小时，这人一直在抖动双腿，搞得桌子、茶杯砰砰响，我的财路都要被他抖掉了。"

一个训练有素或者看重个人修养的人，会在人际交往中表现优雅的仪态，展示自己良好的教养和风度。处理公务、约见重要人物时，人们都是坐着。对每天在办公室工作的人来说，坐着的时间甚至超过躺着睡觉的时间，因此，坐有坐相对每个人，尤其是身处职场中的人来说非常重要。

办公室职员的坐相应当端正、文雅、得体、大方。若是有客户、上司、长辈在场，不宜抢先入座；坐下时，不能大起大落，或者发出令人心烦的声音，更不能席地而坐。在他人面前，不满座，不靠椅背。"满座"即将椅面坐满，不"满座"是谦恭的表现。不靠椅背，是为了不给人以"正在休息”之感。

坐下时，上身挺直，平视对方，一只手搭在另一只手的手背上，双手可以放在桌子上，也可以放在腿上。身体佝偻着，眼神四处漫游，一条腿上放一只手或双手夹在大腿之间，时不时地用手指敲桌子或椅子的扶手，这些都是忌讳。

站姿有许多种，每种站姿都代表一种心理状态。背脊挺直、胸部挺起、双目平视，说明此人有充分的自信，给人以气宇轩昂之感；弯腰曲背、呈现佝偻状的站姿，此人有自我防卫、闭锁、消沉的倾向，情绪上惶恐不安或者自我抑制。双手叉腰而立是富有自信心的表现，在精神上占据优势，对面临的事物有充分的心理准备的人才会采用这个动作。站立时将双手放在口袋里，表明此人不愿意袒露自己的心思，偏爱暗中策划、盘算，如果双手插入口袋，同时弯腰曲背，则是心情沮丧、苦恼的反映。靠墙壁而立，这类人比较坦白，容易接纳别人，这个动作也被失意者偏爱。背着手站立，自信心强的人才会如此，他们喜欢把握局势，控制一切，如果某个人用这种姿势站在你的面前，说明他在心理上正居高临下地看着你。

在正式场合，站姿要显得挺拔、庄重。优雅的站姿应该是这样的：站立之时，身体站直，腰部挺直，挺胸收腹，双腿并拢，双脚微分，双手交叉于身前，双肩平直，双目平视，头部端正。站得直就会给人棱角分明、线条优雅、精神焕发的感觉。如果弯腰、驼背、歪头、斜肩，头部、躯干和膝盖离立正时的中轴线相去甚远，那整个人看上去都没有精神，更不用提风度二字了。

站立时，手最好是垂在身体前，不要拿任何东西。所谓垂手而立，就是双手自然地搭在一起，贴放在腹部。双手抱在胸前或端在左胸前面，或者故作深沉地放在背后，都是不合适的举动。若为了显得帅气，将双手或者一只手插在口袋里，那就大错特错了，其实，那是目中无人的暗示。与人站在一起时，夹着香烟，肆无忌惮地吞云吐雾，这不仅仅是缺乏修养，或者有失优雅，而且是缺乏公德心，只考虑自己的感受，不能为他人考虑。对于男士来说，站立时双腿应避免叉开过大，站立也好，稍息也好，最多不能超过肩膀；对于女士，尤其是穿裙装的女士，站立时分开两腿是很难看的，以并拢为宜。

从站立到落座可能只有几秒钟的时间，人们的坐法却不尽相同。有人像将自己扔出去似的一屁股坐在椅子上，有的人则慢慢坐下；有的人小心翼翼地只坐在椅子的前部，有的人则整个身体都陷进去，如果是坐在沙发上，会让人觉得他不是坐着，而是躺着。人们之所以会采用不同的落座方式，也是内心状态使然。

一个人猛地坐下，一般会被视为此人不拘小节，态度随意，但心理学家分析的结果可能会出乎你的意料。心理学家认为，这个动作看似随意，其实是为了隐藏内心的不安。初次见面时，如果一个人不愿意被对方看到自己正在抑制感情，就会采用这种心不在焉的态度。亲密的朋友之间出现这样的动作则没有什么特别，只是个人性格的表现。

舒适地、深深坐入椅子的人，在心理上占据优势。人在坐着时，会有一种危机感，仿佛要随时准备站起来逃跑，这和进化过程中的经验有关。在猛兽毒蛇丛生的环境中，远古的人类并不能在一个地方安心地坐下，短暂的休息其实是为了更快地奔跑。因此，坐着其实是一个不自然的状态，一旦坐下，就要考虑什么时候要站起来逃跑。

这种经验通过集体潜意识遗传到现代人的大脑中，人们想的是以立即可以站起来的姿势坐下，心理学上称其为高度“觉醒水准”的状态。如果一个人坐下去，没有感到紧张，不需要马上站起来，他的觉醒水平就会降低，腰部向后移，身体靠在椅背上，双脚伸出，这是发生任何事都无法立即站立起来的姿势，也代表了坐着的人心理上的放松。相应地，如果浅浅地坐在椅子上，心理上则处于劣势地位，而且精神上的安定感欠缺。如果和保持这种坐姿的人商谈要事，最好是向后拖一拖，等他的心安定下来以后再开口。

人人跷着二郎腿

架腿而坐,跷一脚,便是二郎腿。古代神话中,二郎腿是二郎神的坐姿,故作“二郎腿”。二郎腿又叫禹步。相传大禹治水，三过家门而不入，呕心沥血，最后患上了偏瘫，一条腿僵死，成了瘸子，一脚跳行，一脚跷起，便是禹步。

秦国以前，成都平原连年水灾泛滥，四川的百姓苦不堪言，当地长官的首要任务就是治水。秦王朝时，李冰父子任郡守，发动全民治理岷江水患，最后想出内江外江分洪的方法，修建起一座福荫万代的水利工程——都江堰，从此四川再无水患，成了天府之国。

在民间传说中，李冰之子李二郎降服了在岷江中兴风作浪的蛟龙，他去世后，被封为二郎神，就是神话故事中那个长着三只眼睛的天神。后来，二郎神的形象在《封神演义》中得到升华，故事性更强，但也更荒诞不经了。

其实，二郎神并非一人，而是三人。据史书载，李冰膝下无子，只有两个女儿，古时一婿为半子，两婿就是一子了。后来，李冰和他的两个女婿同时被封为二郎神。四川都江堰上的二王庙曾有二郎神像，模仿大禹，跷腿而坐。后来不知什么原因，坐像改为立像，二郎腿也不见了。

人坐着时，腿的姿势一般有三种：自然平放，两腿平行；跷着二郎腿；交叉腿。两腿平放比较一般，交叉腿具有防御性，跷二郎腿则代表强势心理。从使用频率来看，二郎腿比交叉腿更常用。也有人坐着时将一条腿呈半弓形搭在另一条腿上，这个姿势说明此人具有竞争和抗拒心理。这个姿势在美国比较流行，尤其是在特别讲究竞争的男人圈子里。

跷二郎腿的标准姿势就是将一条腿搭在另一条腿上，它可以被看作纯粹的辅助动作，配合动作、手势、眼神共同代表某种心理状态，比如听课时间太长或坐了一张不舒服的椅子，人就会跷起二郎腿；如果一个人正在挨冻，他就会本能地跷起二郎腿，甚至将双手放在两腿之间取暖。另外，跷二郎腿也可以看作神经质、戒备或矜持心理的表现。

从礼仪上讲，跷二郎腿是不雅的坐姿。一个人跷二郎腿的同时双臂交叉抱胸，说明这个人在表达拒绝，谈话中，这个姿势是想回避谈话内容的标志性动作。销售人员如果向一个跷着二郎腿，双臂抱胸的人推销产品，很抱歉，这是再愚蠢不过的行为了。

人们基本认同跷二郎腿等于强势的说法，因此，在谈话中，如果一方有意强调自己的强势地位，希望在交谈时占据优势，会有意识地跷起二郎腿。如果是无意中跷起二郎腿，则证明其在人际交往中占据较高的地位，已经形成了习惯。

生活中，爱跷二郎腿的人很多，有的人落座后，坐着坐着，一不小心就跷上二郎腿了，一些职业女性尤其习惯跷着二郎腿，认为那样好看、性感。可是你知道吗？跷二郎腿有害。2012 年，美国医生发起了“让妇女们放下二郎腿一天”的活动，号召的对象是长期久坐的职业女性。每天坐在办公桌前的美国职业女性普遍患有腰背痛，主要原因就是她们跷二郎腿的习惯。

电影《本能》中的莎朗·斯通

在流言中，跷二郎腿的害处包括影响生殖健康；容易出现退化性关节炎；腿部神经、血液被压迫，容易得静脉曲张；容易长成O型腿；女性容易患妇科病……但流言终究是流言，毕竟有不准确的地方，有的人跷一辈子二郎腿，也不见得生什么病。不过，跷二郎腿的确有健康风险，尤其是对那些已经患病的老年人来说。

小腿与大腿下方的关节处是静脉和神经元集中的部位，跷二郎腿时，将一条腿放在另一条腿上，上腿的关节直接与下腿较硬的膝盖相互挤压，时间长了，容易造成神经元麻痹，影响静脉血液循环。而且，跷二郎腿坐着容易弯腰驼背，对腰椎、胸椎造成更大压力，长此以往，势必压迫脊椎神经，引起下背痛。据美国纽约市静脉治疗中心的研究，跷二郎腿会造成腿部静脉曲张，严重者常出现腿部静脉回流不畅、青筋暴突、溃疡、静脉炎、出血和其他疾病。

对男性来说，跷二郎腿的确会影响生育，还会对前列腺造成影响，女性则没有这方面的危险，至少目前的临床研究没有类似的报道。退化性关节炎是由于关节长期使用、磨损造成的退化性病变，典型的疾病就是骨关节炎，一般在年老之后容易出现。跷二郎腿不会马上得关节炎，但由于膝关节内部的压力增加，软骨的磨损加剧，对老年人来说，会增加患骨关节炎的风险，提早出现退化性关节炎。

长时间跷二郎腿后，会出现小腿发麻，短时间内无法站立行走的情况，这是由于腿部神经受到压迫所致，神经传导出现障碍，在感觉、运动方面也会出现障碍。短时间的压迫不会造成严重的后果，若是长时间压迫，则会造成外周神经功能的损伤。二郎腿跷多久会出现类似症状呢？如果你保持跷二郎腿的姿势 24 个小时，就可能如此。

总之，跷二郎腿会增加罹患疾病的风险，但需要日积月累的漫长过程。年轻人要尽量减少跷二郎腿的次数和时间，已经患有糖尿病、腰椎间盘突出、下肢静脉曲张、骨关节炎的老年人则不要跷着二郎腿坐着。正确的、减轻脊椎压力的坐姿是背靠座椅，背部和水平面呈 45 度角，这样有利于背部肌肉的放松，减轻脊椎的压力。

对孕妇来说，跷二郎腿是大忌。怀孕时，腹中的胎儿会加重腰椎所受的压迫，加上跷二郎腿带来的压力，腰椎就要承受双倍压力。此外，跷二郎腿还会使胎儿受到压迫，影响胎儿的正常发育。如果因为工作，需要长时间坐着，最好选择有椅背的椅子，臀部紧贴椅背，腰后摆一个靠垫，让腰椎有一个支撑的东西，双腿不要交叠。屁股坐在椅子的前缘，脊椎向后仰着，这样对脊椎的伤害很大。

走路姿势，各不相同

人走路的姿态，也称步态。步态总是因人而异的，老人走路是老态龙钟，小孩走路是蹦蹦跳跳，出现在红地毯上的女明星走起路来优雅大方，忙着逃遁的小偷走起路来则行色匆匆。除了需要配合特殊场合的步态，每个人都有自己的走路习惯。为什么人们在光线不那么亮的时候，凭走路的背影就可以认出自己的朋友呢？这就是因为每个人的身体结构不同，走路姿势也不相同，快慢、步法、步幅的大小、姿势，这些都是因人而异，而且是随着情绪的变化而变化的。

身体中距离大脑越远的部位，其可信度越高。也就是说，越靠近大脑中枢的地方，越容易伪装，传达的信息就越不可靠。相反，距离大脑远的部位，如手、脚、肢体，其可信度更高。法国心理学家简·布鲁斯认为，从一个人走路的姿态，或者从一个看似毫无意义的脚部动作，就可以推断此人的心理特征。

比如，步伐矫健的人沉着冷静，蹦蹦跳跳的小女孩天真烂漫。在工作场合，拖沓的步子会给人散漫、不认真工作、毫无热情的印象。如果上司喊你进他的办公室，你还慢吞吞地迈方步，一定会给上司留下糟糕的印象。正确的做法是立马起身，用矫健的步伐证明你干脆利落的工作态度。

美国心理学家达曼发现，人的走路姿势可以分为6个基本类型：步履平稳型、步履急促型、上身微倾型、昂首阔步型、款款摇曳型，以及步履整齐、双手规则摆动型。每一种类型都代表了特定的性格特点。

比如，步履平稳型，这类人是现实主义者，精明稳健，重信用，守诺言，是值得信赖的人，但是他们不会轻易相信别人；步履急促型的人性格急躁，来去匆匆，精力充沛，喜欢迎接挑战；上身微倾型的人性格多是平和内向，谦虚含蓄，表面上沉默寡言，但极重情义；昂首阔步型的人以自我为中心，对人有点淡漠，但思路敏捷，做事有条不紊，富有组织能力；女性走路的姿势多为款款摇曳型，这类女性在社交场合是中心人物，极受欢迎；步履整齐、双手规则摆动型的人性格刚毅，具有组织力，但是倾向于独断专行。

走路姿势代表了一个人的性格，也会反映出人们的身体状态。如果走路姿势不对，还可能招来罪犯的注意。美国佐治亚州州立大学的犯罪心理学家在街上随意拍了一些路人，然后将他们的照片拿给监狱里的抢劫犯、强奸犯、故意杀人犯看，让他们在照片中选择犯罪目标，几分钟后，犯人们给出了答案。他们非常有默契地选择了相同的犯罪对象，不是瘦弱的小女孩，而是一个成年男子。

其实，犯人在下手之前，都会估计一下对方的实力，比如抢劫犯，除了目标是否带有大量金钱，还要观察他的体力，大块头的男人不能惹，身体灵活的人也很难对付。而那些走路颤颤巍巍，弱不禁风的人就很容易搞定，喝了酒或嗑了药的人“中招”的概率更大，因为从远处的背影就可以看出来，他们走路晃晃悠悠，自己都快站不住了，根本不会有反抗的力气。

犯罪分子能够在人群中找到自己能捏的“软柿子”，是因为他们善于观察，只要你多留心一点，也会从每个人的走路姿势中发现玄机。按照心理学家的总结，走路昂首挺胸，大踏步向前走，这是自信的表现。同时，这样走路的人非常注意自我形象，自尊心强，但也有点以自我为中心，不愿意接受别人的批评；走路时步伐没什么规律，手一会儿插兜，一会儿在身体两侧摆动，一会儿含胸，一会儿挺胸，说明此人乐观大方，不拘小节，心胸比较坦荡，但有些不切实际的目标，给人以夸大其词的印象。

八字脚，不管是外八字还是内八字，给人感觉都是不沉稳的样子，看起来滑稽可笑。这种人守旧、虚伪，缺乏应对突发事件的能力，不喜欢交际。走起路来横冲直撞，不管周围的人，也不管在拥挤的街道还是在四下无人的广场，一路狂奔到目的地，这种人性格急躁、坦白，有些草率，缺乏对细节的追求，没有耐心。

走路时脚不着地，显得轻浮无力，此类人做事不踏实，经常虎头蛇尾，草草了事；走路文质彬彬，不急不慢，双手轻松摆动，很有规律，这种人教养很好，但胆小怕事，没有冒险精神，没有激情，安于现状。这样走路的女人是贤妻良母，而她最大的理想便是相夫教子。

女人在看男人时，走路的姿态也是观察其人的切入点。迈着方步的男人稳重，对身体形态有严格的控制。头脑清醒，遇到任何困难都不会慌张，不会被感情左右自己的判断和分析。这类人自尊心强，因此活得很累，为了保持尊严，有时难免强颜欢笑。

走路时身体前倾的男人看起来像猫着腰，这类人多性格温柔、内向，遇到漂亮的女性会害羞脸红；走路如同上军操，步伐整齐，双手有规律地摆动，这种男人意志力较强，专注于个人信念和既定目标，做事时显得有些独裁，不达目的誓不罢休。

男女同行时，两个人都会改变平时的步态配合对方。一般来说，男性走路会比女性快很多，当男性和同性或普通女性朋友一起走路时，他们不会特别改变自己的走路速度，当他和自己喜欢的女人相伴走路时，即使没有手拉手，他也会把速度降下来，一般相较平均水平慢7%左右。

这条规律也被用来检测相亲对象。在相亲桌上遇到的男性，如果你对他一见钟情，却不知道对方的想法，不妨和他一起出门，走一段路，看他是步履匆匆，要你紧赶慢赶才能跟上他的步伐，还是不慌不忙地走在你身边，如果是前者，那么很可惜，他对你没什么感觉。此时，大步向前，完全不顾及身边人的男士偏向大男子主义，如果是情侣一起走，男士径自快步走，不照顾女士的步伐，若非因为此人教养不够，完全没有绅士风度，就是准备分手。

在正式场合，人在行进的时候步速要保持相对稳定，不应该忽快忽慢，东张西望，应尽量保持匀速前进。“行如风”固然是好事，但太快反而不好。如果对走路姿态提出更高的要求，男士可以走正步，女士可以走一字步，前者看起来洒脱，有阳刚之美，后者贤淑，有温柔之姿。

脱鞋的微动作

1959年1月2日，苏联成功发射了“月球1号”探测器，探测了月球的背面，进行了绕月飞行，实现了人类的首次太空之旅。在宇宙飞船升空之前，苏联政府在全国范围内选拔宇航员。经过层层选拔，在众多报名者中选出了20名候选人，其中包括25岁的加加林。

在确定最终人选之前的一个星期，所有候选人都进入实验基地参加一次模拟训练，又经过一系列的筛选，20人中出现了3位佼佼者，他们分别是邦达连科、季托夫和加加林，其中邦达连科是1号宇航员，季托夫和加加林分别是2号、3号后备宇航员。

宇宙飞船发射的前一天，邦达连科、季托夫和加加林在纯氧的船舱内进行例行训练。训练结束时，邦达连科随手将擦拭传感器的酒精棉球扔到了一块电极板上，船舱里顿时燃起了大火，邦达连科被烧伤，后来不治身亡。

为了不影响发射，宇航局需要重新确定宇航员人选，按照排序，季托夫应该顶替邦达连科成为1号宇航员，但是也有人提出不同意见，总设计师科罗廖夫认为应该由加加林顶替，接着，他给出了一个令人信服的理由。

当加加林和另外19名候选人一起参观实验基地时，科罗廖夫就注意到加加林了。轮到加加林进入机舱时，他走到机舱前面，停了下来，蹲下身子，然后脱下了鞋子。所有人都是直接穿鞋进入机舱的，只有加加林穿着袜子走进了机舱。科罗廖夫记住了这个注重细节、不嫌麻烦的年轻人。科罗廖夫说，只有把飞船交给一个如此爱惜它的人，我才放心。就这样，加加林凭借一个脱鞋的细节获得了飞上天的机会。他乘坐宇宙飞船在太空遨游了108分钟，成为世界上第一个进入太空的宇航员。

加加林对工作的环境非常珍惜，这是他多年来养成的习惯，也是对飞船设计者的尊重。他原本可以像其他人一样，不脱鞋就进入船舱，但他的行为已经成为习惯，不需要考虑，自然而然地就做出了脱鞋的举动。这是长时间的生活训练形成的行为模式，也是一个人自我修养的体现。

从一个人挑选鞋子，穿鞋、脱鞋的动作推断出一个人的性格、修养和品位，这是人类进入文明社会后逐渐形成的规律。鞋子最原始的功能是保护脚，使其不受尖利的石子、带刺的植物所伤，使人能够走得更快，走得更远，遇到危险时能更快地逃跑。今天，鞋子具有了更多的象征意义，比如象征身份、地位，表达性格、能力、兴趣等，从鞋子来判断一个人，准确度非常高。

曾有心理学教授做过这样的测验：教授让学生根据鞋子和脸部的照片，在没有任何其他线索的情况下确认照片中人的身份，最后，学生们竟然猜出了大多数人的身份，其中包括公司经理、家庭主妇、专栏作家、演员、应召女郎、秘书等。可见，鞋子不仅是日常生活用品、美化个人的装饰，还能反映身份、地位、性格、能力、兴趣等。

尽管东方和西方存在文化差异，但在有一点上是惊人一致的，那就是将女人的脚和性联系起来。女人的玉足在古代是个人隐私的一部分，是不会轻易示人的。在古代，如果有男子偷看女人的脚，会被视作下流、肮脏的事，摸女人的脚则被看作性骚扰。因此，古代的女人要将脚包上一层一层的裹脚布，再将其塞入绣鞋之中。

女人比男人更爱关注自己的脚，关注脚上的鞋。对女人来说，鞋装饰的成分比使用的成分多一些。所以女人喜欢收集鞋子，高跟的、平跟的、运动鞋、休闲鞋。女人和鞋子的关系很微妙，翻看女人的鞋柜你就会发现，那简直是一个五彩缤纷的世界。

女性的脚和小腿具有性的意味，男性会特别关注，女性本身也深知这一点，为什么踩着高跟鞋的女人看起来更妩媚，更有魅力呢？因为高跟鞋让女人看起来更有气质，还能显示修长的腿。反过来，很少有女性关注男性的脚，因此，男性在挑选鞋子时更多地凭借潜意识，按照自己的性格习惯购买相应的鞋子来穿。一般人不会注意到这一点，觉得只是喜欢或者穿得舒服而已，实际上是因为某款鞋子符合了男性潜意识的性格要求。

素有“闻香识女人”之说，如今，有了一个相对应的观点——看鞋识男人。男士的服装样式没有女士多，一般情况下，男士的皮带、手表、鞋子最容易成为别人关注的亮点。从一个人穿的鞋子可以看出他的生活条件、身份和性格。当然，每个人都是不一样的，任何事情都不能泛泛而论，鞋子与性格之间的关系也不能生搬硬套，没有关系也要硬扯出关系来。

娱乐杂志上经常刊登诸如“挑选男人的方法”“5 分钟让你找到白马王子”之类的选男人秘籍，其中从鞋子着眼，就是比较便捷高效的一种方法。鞋子和男人的关系一点不逊于鞋子与女人的关系，一个人如何穿鞋，就像他如何穿衣、如何布置房间、如何计划旅行一样，任何一个细节都在告诉你：“其实我是这样的人。”

和女人对鞋子的挑选、偏好一样，特别喜欢某一类型的鞋子的男人也有其独特的性格。比如，重复购买固定样式鞋子的男人可能很念旧，穿鞋很节俭的男人个性拘谨，外表保守，内心热情；穿鞋随便的男人不拘小节；而偏好正统黑皮鞋的男人往往是大男子主义者。爱穿休闲鞋的男人注重休闲生活，富有生活品位，对鞋子的要求不但要舒适，还看重款式。这样的人对待生活的其他方面也是如此，对一切都有自己的要求，希望掌握主动权，希望生活能够按照既定计划进行，如果一切都掌握在自己手中，那就再好不过了。

选择鞋子可以看出一个人的性格，穿上鞋子、脱下鞋子也一样。下面，我们来做一个心理测试游戏，看看你脱鞋子的方式是否和性格相对应。假设你现在下班回到家，打开门，进入房间，脱鞋子，接下来，你会怎样摆放你的鞋子呢？

1. 鞋尖朝入口处；

2. 鞋尖朝进来的方向；

3. 脱掉时的样子；

4. 由同住在一起的人帮你脱。

第一种人做事比较周全，追求完美，遵守社会规范，道德心和伦理感比较强烈；第二种人是本我、自我、超我相对平衡的，生活各方面都能调整得比较好，给人以成熟的感觉；第三种人本我比较强烈，以自我为中心，自由奔放，当然也有些任性；第四种人是最任性的，对行为没有约束，甚至可以说是被惯坏了。你是其中的哪一种呢？

离心最远，离心理最近

曼彻斯特大学的心理学教授杰弗里·贝蒂发现，人们通常会注意到他人的表情和手势，却没有意识到双脚也有很多动作，脚也会“说话”，而且会泄露人的心情、性格和心里的秘密。通过观察一个人的脚部动作，或者移动脚的方式，可以看出他的心理世界。贝蒂教授认为，人体中距离大脑越远的部位，其可信度越高。双脚无疑是距离大脑中枢最远的部位，因此，双脚的动作比面部表情、手的动作诚实得多。

大部分人知道自己的面部表情，也可以控制自己的面部表情，或者戴上微笑的面具，或者做出掩饰的眼神，对于双脚，除非我们刻意去想，否则经常忽略它们在干什么。脸部表情可以装，但双脚的动作是无法伪装的，因此，可以通过观察人的双脚了解他的心中所想。

腿部动作的原始目的有两个：一是获得食物，二是遇到危险时逃跑。至今为止，人类大脑依然关联着这两个目的，因此，双脚会不自觉地走向想要的东西，远离讨厌的东西，也就是说，双脚的方向显示了一个人内心的方向。人在站立时，脚的方向往往朝着他心中惦念、追求的事物。

有人研究过法庭上的行为，包括法官的双脚动作，结果发现，当法官不喜欢某位证人时，会将双脚朝着证人走进法庭时的大门，而不是对着证人。日常生活中，如果你正在和某人说话，对方的双脚不是对着你，而是朝着其他方向，代表他不想继续谈下去，你最好马上结束谈话。

在一个酒会上，三个男人站在一起寒暄，谈论着工作上的事儿，表面上看，他们在专心交谈，目不斜视，实际上不是这么回事。低头看看他们的脚，每个人都有一只脚对着旁边的一位漂亮姑娘。专心致志地交谈只是假象，他们的“脚语”在不知不觉中暴露了他们的真正意图——注意身边的美女。

从双脚的动作中,可以看出一个人的性格。性格外向的人脚部动作少，自大傲慢的人也一样，害羞、胆小的人脚部移动则相对频繁。精英人士，不管是男性还是女性，脚部动作都比较少，他们喜欢主宰一切，包括自己的身体。但如果一个人的双脚非常安静，甚至静止得有点过分，那么他可能正在说谎。

有时候，人的外表和脚语是严重不符的。一位端庄秀丽的女子，走路时匆匆忙忙，脚步重而且乱，说明她是一个性格开朗、心直口快、没有心眼儿的人；一个男人长得五大三粗，走起路来却小心翼翼的，那他应该是心思细腻、精于算计的人，这种人心机较重，做事滴水不漏。

说话过程中，有的女性用足尖摇晃高跟鞋，这个动作给人的印象是心情放松、愉快，另一方面，这是一个具有诱惑性的动作。站在男性追求者面前，如果女性的一条腿向前伸，表明她喜欢这名男性；如果双脚交叉，或者干脆不动，则表示她对此人根本没有兴趣。这一说法仅限于解读女性的脚部动作，不适用于男性。如果男性感到紧张，脚步动作频率会增加，女性感到紧张时恰恰相反，她们会原地站着，双脚不动。

如果对方双脚在脚踝处交叉，代表他感到紧张，或者受到威胁。男人在做出脚踝相扣的动作时，通常会将双手握拳，放在膝盖上，或者紧紧抓住椅子的扶手，摆出展示胯部的姿势；女人在脚踝相扣时则会双膝并拢，两只脚置于身体的同一侧，双手并排，或者交叠放在腿上。

不管是男人还是女人，当出现脚踝相扣的动作时，说明他的内心正在抑制某种消极情绪，也许是不自信，也许是恐慌，脚踝相扣的双脚会慢慢挪到椅子底下，相对应的便是沉默寡言。在谈判中遇到这一肢体语言，恰当的方法是尽可能地让对方感到轻松，可以坐到对方一侧，去掉中间的屏障，如果对方脚踝松开，谈判气氛会变得开放而亲切，讨论的问题也可以继续下去了。相反，如果一个人在交谈中非常投入，他的双脚就会自然地伸向前方。

张平代表公司和一家供应商谈合作，谈到细节时，他突然发现，这位供应商露出了不快的表情，似乎不太愿意继续谈下去了。这是张平洽谈的第三家供应商，如果再不成的话，到月底就没办法交工了。为了做成这笔生意，赶紧向上司交差，张平态度谦和，口气委婉地说："我非常有诚意，特别希望做成这笔生意，您看，我的底牌已经摊给您了，多有诚意呀，请您赶快拿主意吧！"

张平觉得，我态度如此诚恳，对方应该会信任我，估计很快就会在合同书上签字吧。可是，过了十几分钟，对方的态度反而强硬起来："张总，你嘴上说诚意合作，可是你的心里好像不是这样想的。我看啊，咱们下次有机会再合作吧！”

为什么会出现这样的结局呢？原来，张平的双脚泄露了他内心的秘密。说话时，张平的脚交叉翘起，给人怀疑、防范、口是心非的感觉，和他所说的“诚心诚意”完全相反，供应商察觉到这一点，自然不愿意勉勉强强地谈合作了。

身体距离的远与近

这是一则关于刺猬的故事。有两只生活在山洞里的小刺猬，由于天气寒冷，它们都被冻坏了，哆哆嗦嗦地在蒲草中挣扎。它们尝试着互相取暖，可是挤在一起的时候，就会感到一阵刺痛，它们都被彼此扎伤了。不得已，它们只好分开，分开之后，两只刺猬又开始打起寒战，它们再次尝试靠近，再次被扎伤，如此反复几次后，经过磨合，它们终于找到了合适的距离，既可以互相取暖，又不至于伤害彼此。

这则寓言讲的是刺猬的生存哲学，同时也是人际关系的经营之道。人与人之间的交往，如果过于亲密，个性差异就会变得明显，免不了发生碰撞、摩擦，彼此伤害。适当地保持距离，则可以减少不必要的摩擦。作为独立存在的个体，我们需要亲密感，以减少孤独和寂寞，同时需要与人保持距离，以维护自身人格的完整。

人与人之间的距离，就像是刺猬，靠得近，彼此伤害，离得太远，又感到孤独。但是，空间上的接近，并不等于心理距离上的接近。和言语、空间的亲密感相比，身体语言更可信，因为人的身体是不会说假话的，尤其是下意识的身体动作，足够反映出心理上对对方的接受度。如果一个人嘴上说着咱们的关系很亲密，身体却停留在较远的地方，那他不是在开玩笑，就是在说谎。

乘坐公交车时，你会发现一个奇怪的现象。人少的时候，上车的人喜欢寻找整排都空着的座位，渐渐地，车上的人多了，不得不和别人共享一排座位时，如果是多个座位连接在一起，人们会不自觉地坐在一排座位的两端，中间空着，如果必须挨着，人们倾向于先选择同性，实在没办法才会和异性挨着坐。当拥挤的车上人们不得不互相贴着时，你会发现，大多数人选择与他人背对背，眼睛望向窗外，身体保持紧张状态，生怕和别人发生触碰。

这种情况也出现在乘地铁时。面对面而坐的乘客，往往在坐下的一瞬间扫视一下对方，其余时间则“目中无人”，有的人看着地面，有的人望着窗外，有的人专注于手中的报纸、杂志，更多人摆弄手机，沉浸在自己的电影或者游戏世界里，很少有人一一看遍车厢内的人。人与人之间就像是隔着一堵墙，谁都不想越过边界。

在拥挤的演唱会现场、足球场、电影院、火车、汽车车厢、电梯里，人与人之间的距离因为客观原因被迫拉近了。这时候，人们的反应是基本相同的，比如，保持一本正经的表情；保持身体一动不动；避免和别人发生眼神接触；不和任何人说话，包括自己认识的人；手上最好拿着报纸或者书，并且假装全神贯注……

这时候，如果你看到痛苦、不快或者是沮丧的脸，大可不必放在心上，这些表情是人们的集体伪装，是个体在与陌生人之间的距离太近时做出的自我保护反应，并不代表他们情绪低落或者刚刚经历痛苦。当然，毫无表情是人们最常用的伪装。

不管是在公交车上、地铁上，还是在任何人群拥挤的公共场合，陌生人之间的距离都是最远的。在马路上遇到陌生人，对方的靠近可能是为了问路，或者推销产品，在彼此距离至少一米时，两人就会自动停下来。如果对方试着靠近你一点，你就会产生一种压迫感，立即往后退一两步；如果对方继续靠近，你的大脑就会发出警告，让身体对可能发生的危险做好准备。

与此相反，如果在街上遇到一个熟人，他向你走来，距离一步之遥的时候才会停下来，如果街面上太过嘈杂，为了谈话方便，你们还会凑得更近一点。从这微妙的距离之中，可以了解彼此的交情程度。

两个同事可以非常要好，除了一起吃饭，一起上街，一起讨论工作外，到底可以要好到什么程度呢？不妨用两个人之间的距离“测量”一下。其中一方寻找机会缩短两个人的距离，如果对方没有后退，这说明你们之间的心理距离或许还可以更近一点。如果对方慌忙地向后退，那么保持现在的距离就好，对方并不希望和你做更亲密的朋友。

这个方法在男女之间同样适用，如果张先生对李小姐心存爱慕，不好意思开口表白，又不知道对方的心意如何，不妨利用身体距离传达情意。当张先生慢慢靠近时，李小姐没有慌忙地后退，她可能在表示，其实我也有点喜欢你。

从身体动作的距离还可以看出其亲密程度，比如拥抱。两个人在拥抱时，胯部的位置会暴露他们真正的亲密程度。情侣拥抱时会紧贴彼此，但是，如果你在社交场合与人进行礼节性的拥抱，绝对不会靠得太近，更不会将下半身靠得太近。

在亲密的关系中，比如恋人和夫妻，身体距离和心理距离的关系比较复杂。一对恋人从完全不熟悉的陌生人到相互熟悉，再到相爱，两人的身体距离随着心理距离的靠近而靠近。当身体距离已经亲密无间，不能继续靠近时，心理距离却开始增加，从一开始的无话不说，到开始隐藏自己的真实内心，直到关系动摇，甚至开始讨厌对方，身体距离也会随之从近变远，直到回到最初的陌生人。这是一个吊诡的过程，也是一个令人费解的过程。

叉腰而站，叉腰而战

一直以来，双手叉腰的姿势都被认为是成功者特有的姿势。雄心勃勃、目标明确，甚至不达目的誓不罢休的人都喜欢摆出叉腰的姿势。毛泽东的雕塑、绘画、照片中，不少都是采用双手叉腰的姿势，有的是左手叉腰，右手指向东方，有的是一只手反手叉腰；孙中山也有一手叉腰，一手握拐杖的动作。历史人物做出叉腰的动作，往往被认定为一种符号，是“伟人的动作”。

在女人面前，男人喜欢用叉腰的姿势表现男子汉气概，站立时叉着腰，这个姿势好像在说：“看我，我是积极主动的，是有上进心的人。”当然，当叉腰的动作和具体的情绪联系起来时，还要结合其他因素进行分析。

如果一位男性在衣服扣着的状态下叉着腰，那么他是沮丧的，不自信的；如果他将衣服敞开，露出结实的胸膛，则是明显的挑衅的姿态；如果他双脚分开比肩宽，整个躯体显得膨胀，往往存在潜在的进攻性；如果他握紧拳头，放在腰间，两脚均匀地叉开，有着台风都刮不倒的姿态，他的攻击性就更加强烈了。与此同时，如果脚尖拍打地面，则暗示着领导力和权威。

电影、卡通片中的超级英雄常常将叉腰作为标志性的身体姿势，内裤外穿的超人就喜欢双腿分开站立、手肘弯曲、双手叉腰，这种姿势让四肢张开，占据更大的空间，投射出的是内心的强大，也是一种开放性的姿势。好莱坞明星凯文·科斯特纳特别喜欢双手叉腰的动作，不管是在私底下，还是在电影里，科斯特纳的角色通常都是执法悍将，或者硬汉牛仔，这一姿势不仅特别符合他本人的形象，也很符合电影中的角色定位。

凯文·科斯特纳的叉腰造型

人们喜欢叉腰的动作和人的动物性不无关系。猫或狗打架时，会把全身的毛都竖起来，鸟类在打斗时也会膨胀羽毛，让自己显得强壮。人的体毛不够丰富，不能像动物那样让自己显得伟岸，于是，若想占据心理优势只能通过肢体动作。

双手叉腰的动作占据的空间比较多，还能让整个人显得挺拔，让人看起来强势、自信，从而给对方造成心理上的威慑。仔细观察会发现，两个正在吵架的人、等待参加比赛的运动员、在更衣室等待鸣锣开战的拳击手，都会将双手放在腰间。这是一种表示抗议或进攻的姿势。

素妍是购物频道商品一组的组长，正值午休时间，她带着组里的同事在食堂吃饭，不一会儿，世玲带着她的组员也来到了食堂。世玲是商品二组的组长，也是素妍最大的竞争对手。竞争归竞争，两组人之间的往来也很频繁，有关品牌商品的选择，素妍常常需要向世玲请教；而商品一组的配备都是一流的，拍摄期间，世玲则需要向素妍借设备，借场地，如此一来，也算是投桃报李，礼尚往来。

前不久，一组和二组之间闹了一些不愉快。为了竞争周末的黄金时段，素妍和世玲表面上合作，私底下偷偷地竞争，在领导最后做决定的那天，一组以有史以来最低销售额败给了二组。素妍事后才知道原因——世玲将一套普通设计师的作品充作知名设计师的新产品介绍给她，结果导致一组的销售成绩惨败，世玲本人则偷偷拜访了知名设计师，拿到了新一季度的产品，创下了销售记录。

因为世玲的卑劣竞争，素妍被领导责备，被同事嘲笑，憋了一肚子火。这时看见她带着二组的人走过来，素妍没好气地向助理抱怨："这帮穷酸的家伙，只会用卑鄙的手段陷害人，从来没有真才实学，真让人觉得悲哀！"素妍话刚说完，世玲就气冲冲地走过来："谁才是没有真才实学的那个人啊，连一件地摊儿货都能看作知名品牌服装的家伙，还敢在这里指责别人？"

素妍一看世玲如此害人还理直气壮，"噌"地一下从座位上站起来，走到过道上，把双手往腰上一叉，对着世玲说："这么说，你是承认故意陷害我，让一组拿不到黄金时段了？"世玲也不示弱，挺直腰杆，叉起腰，喊道："是又怎么样，你陷害我的次数还少吗？你这个傲慢的家伙，这一次不过是让你尝尝失败的滋味罢了。"

两人你一句，我一句地吵来吵去，谁也不示弱，一场女人之间的战争就这样打响了。周围人开始围过来看热闹，两组的同事看不下去，可是没办法将她们拉开，混乱的场面持续了十几分钟，直到领导赶来才算结束。

女人叉腰、双脚分立的动作，在电影中常有出现，电影《功夫》中那个暗藏狮吼功绝技的包租婆，《食神》中那个从西贡街追到公众四方街砍人的双刀火鸡，《河东狮吼》中那个性情暴躁、刁钻泼辣的月娥，都是典型的悍妇形象，在发飙之前，她们统一的动作就是双手叉腰。

男子汉叉着腰，看起来很有英雄气概，但对女性而言，这个姿势和人们通常认定的女性应该温柔贤惠的气质完全相反。如果一个女人站立时摆这个姿势，会给人留下霸道的印象，而且是母老虎、河东狮吼式的霸道。

张爱玲有一张经典的照片，两手叉腰，昂首弄姿，面庞微侧，看向前方，给人一种高贵、傲慢的小女人的感觉，让人觉得她强势，而且挑剔。将张爱玲的小说《红玫瑰与白玫瑰》搬上舞台的话剧导演田沁鑫曾经说过："……我挺怕她的……她的文字那么精致，我就觉得她内心应该是个很挑剔的人。"所以说，女人就算自信心膨胀，也不要采用这种方式来表现自己，那样会把周围的人吓跑的。

当然，叉不叉腰也是分场合的。杂志封面上的明星、T 台上走秀的模特，都以双手叉腰的姿势显示自己的魅力。模特尤其爱用叉腰的姿势，大步流星地走到 T 台末端，单手或者双手叉腰，摆一个精彩的 pose，然后转身，看起来帅气而富有魅力。叉腰动作在象征着自豪、自信的同时，也在告诉观众：“看我们穿上这些衣服后多么漂亮，多么有魅力，心动的人快点来买吧！”

既然懂得了叉腰动作的含义，在适当的场合就可以妙用一下。如果你和别人聊天时，想让自己看起来更有支配性，占据主动，要么双手叉腰，要么单手叉腰，对方一定会按照你的预期，对你产生沉着、镇定、不可侵犯的印象。平日里，如果你想给他人留下好印象，最好不要采用双手叉腰的站立姿势，这个姿势很容易冒犯别人。

第二次世界大战结束时，麦克阿瑟作为盟军总司令踏上了日本的土地。最初，麦克阿瑟的想法是严惩日本、审判天皇，履行他“不追究天皇的战争责任，死不瞑目”的誓言。但当麦克阿瑟发现那些负隅顽抗的日本军队在接到天皇的命令后迅速地解除武装时，他才意识到，天皇的力量要胜过 20 个机械化师团。

于是，麦克阿瑟决定不废除天皇制，而是极力维护天皇制度。从 1945 年 9 月 27 日裕仁天皇亲自拜访麦克阿瑟，到 1951 年 4 月，两人共会谈了 11 次。由于麦克阿瑟的活动，美国政府的态度发生了变化，最终使得天皇制度得以保留。

在麦克阿瑟和裕仁天皇会谈期间，有一张合影引起了日本人的不满。照片上，裕仁天皇双手放在身体两侧站立，麦克阿瑟则将手背过去，放在了腰部的位置，在日本，这是一个非常不敬的姿势。如今，我们已经无法得知这是麦克阿瑟的一个随意行为，还是这个主宰日本命运的五星上将根本没把裕仁天皇放在眼里的表现。

麦克阿瑟与裕仁天皇

不管怎样，麦克阿瑟的决定让日本人对他感恩戴德，即使他手上沾满了日本人的鲜血，依然被后来的日本人称颂。不过，天皇制的保留使得裕仁天皇摆脱了战犯的困境，也让他的臣民将战争的责任推到了军国主义者的头上，今天的一些日本人依然在否认战争罪行。当然，这是后话。

第六章

从生活习惯看内心

从推眼镜的动作能够看出一个人的性格。电视中常有用手指从鼻梁处向上推眼镜的人，这种人通常比较自信，性格含蓄，知识丰富，不张扬，不做作，善于抓住机会，通常都是某个领域的行家。《神探伽利略》中的汤川学在调查案件的过程中，突发灵感时都会做一个很特别的推眼镜动作，虽然显得有些做作，但他的确是物理学领域的专家。

你的睡相如何？

人在睡觉的时候是最放松、最自在的，因此，从睡相中能够看出一个人最真实的一面。有的人睡相很美，像白雪公主一样优雅、动人，让人产生亲吻的冲动；有的人睡成大字形，仰面朝天，四肢分开，姿势很不雅观，毫无形象可言；有的人睡觉时则一直动来动去，每隔一段时间，他的头就会转向不同的位置，身体姿势也跟着变化。

从不同的睡姿中可以看出不同的性格，比如，睡觉时缩成一团的人，比较没有安全感；睡觉时经常翻身的人，心事繁重，性格急躁；头从枕头往下滑代表消极悲观、内向胆小；枕在自己手上睡觉的人爱怀旧，感情比较细腻、丰富；张着嘴巴睡觉的人爱幻想，但缺乏耐心与毅力。

也有人按照金、木、水、火、土来区分人的睡相，比如大字形就属于其中的“木形睡相”，这类人属于天真烂漫型，心无杂念，睡觉时将自己完全暴露出来。大字形睡相是装不出来的，如果不是没心没肺的人，会觉得这样睡觉没有安全感。火形睡相是双腿挺直或者呈八字张开，一只脚伸开，另一只脚曲起来，双手上下移动，这种人为人耿直，性格急躁，热得快冷得也快。土形睡相的人将双臂弯起，或者将两只脚弯起，这类人性格忧郁，不开朗；金形睡相是将双手摆在头的上方，脚部弯曲，这类人消化器官不太好，人情淡薄；水形睡相则是仰天而睡，双手按着自己的胸部，此类人表面柔和，内心令人难以理解。

英国睡眠评估和咨询服务机构主任伊济科夫斯基教授分析了常见的六种睡觉姿势，并且发现了睡相和个性类型之间的关系。睡觉时蜷缩成胎儿姿势的人外刚内柔，外表坚强，内心敏感，第一次见到别人时，可能会感到害羞。在伊济科夫斯基的调查中，41% 的人是这种睡相，其中女性是男性的两倍。

睡觉时双手在身体两侧伸展，身体平躺，这类人比较容易相处，爱交往，很快就能融入人群，但是也容易被骗；侧卧，双手从胸前向外伸展，这个睡相代表人在某一方面比较开放，在另一方面比较保守、多疑，他们做决定比较慢，一旦决定就不会改变；仰面平躺，双手紧贴身体两侧，这种睡相的人比较安静、内敛，不喜欢忙乱，对自己和他人要求较高；俯卧，双手抱住枕头，脸靠枕头偏向一侧，这类人合群，性急，脸皮薄，不喜欢被人批评。

伊济科夫斯基教授的调查显示，大多数人不喜欢改变自己睡觉的姿势，只有 5% 的人报告说，他们的睡相不太稳定，每晚的睡相都不同。那 5% 的人一晚上可能换三四个姿势，因此，要他们控制睡觉的姿势是不可能的。选择一种比较舒服，同时能够快速入睡的姿势算是比较明智的吧。

侧卧是大多数人喜爱的睡眠姿势，尤其是向右侧卧，不过，有研究人员说，向右侧卧容易反胃酸。一位长期研究胃食管反流病的医生指出，向右侧卧会降低食道括约肌的弹性——食道括约肌相当于胃部的闸门，如果胃部本身就不太好的人临睡前还把胃里塞满食物，向右侧卧时就不可避免地会导致胃酸反来反去。

右侧卧容易反胃酸，那左侧卧呢？貌似也不太好。心脏在胸口左侧，左侧卧会导致心脏受到其他器官的压迫，同时，控制心率和血压的交感神经系统会降低兴奋性。身体健康的人还好，患有心脏病、高血压的人就很危险了。

侧卧，不管是左侧还是右侧，都有各自的问题，那么平躺吧。但平躺也不是最完美的睡姿，人在平躺时，舌头会挡住气道，睡觉时喜欢打呼噜的人可能会因此阻塞呼吸，出现阻塞性呼吸停止。怎么睡都不行，难道要趴着睡吗？趴着睡更加压迫内脏器官，是最糟糕的睡觉姿势。到底怎么睡才好呢？任何一种姿势都有利有弊，更科学的睡眠姿势就是随着身体状态的不同选择不同的姿势。

如果你晚上和同事聚会，吃了一顿丰富的大餐，带着吃撑了的胃疲惫不堪地回家睡觉，记得不要向右倒下去，不然的话，吃的东西可能要“原路返回”了。对于心脏不好的人，避免向左侧卧就好了。如果是心脏病人晚上又吃了大餐呢？那么只能选择平躺了，躺下后，在膝盖下方放一个垫子或者枕头，可以保持脊柱的弯曲角度，让内脏器官处在正常的位置。

此外，要想美美地睡上一觉，还有许多注意事项，比如，不能开灯睡；睡觉的地方不能太艰苦，如床板太硬、被子太潮之类的。“点灯说话，熄灯睡觉”是老奶奶逗小孩的一句话，这里面蕴藏着了不起的科学道理——睡觉时点着小灯，看似浪漫，其实有害健康。灯光对人体有轻微的辐射，同时会刺激眼睛，人在睡觉时虽然闭起眼睛，但如果有灯光存在，人还是能够感知的。

睡觉时，除了避光，还要找一张舒适的床，配上柔软的被子，如此环境，才能收获美美的睡眠。不过，觉睡多了也有可能会头疼，因为睡得太久，人的呼吸变慢、变浅，大脑缺氧，产生碳酸血症，血管扩张，脑血流量增多，颅内压力大，自然就会头疼。

这样开车可以吗?

这是一个心理测试游戏，请选择与你的情况符合的一项。

当你开车时，你会:

1. 一边抽烟一边开车，停车时会把脚跷到方向盘上。

2. 严格遵守交通规则，红灯停，绿灯行，就算路面很空旷也一样。

3. 在别人认为不可能的情况下开快车、超车，并且不能容忍别人超越自己。

4. 顺着车流前进，力求平稳，有情况早早刹车。

选择1的人，个性独特，富有主见，喜欢按照自己的方式生活，是个理想主义者，缺点是不够圆滑，以自我为中心，有时难免吃哑巴亏；选择2的人，遵守规则，脚踏实地，做事一丝不苟，缺点是不够风趣，缺乏冒险精神，有时过度谨慎；选择3的人，洒脱、自信，但是不够老练，傲气重，缺乏责任感；选择4的人，为人耿直、适应力强，做事有板有眼，希望一切按照计划进行，可惜有时不够自信，不主动。

你的选择符合你的情况吗？不符合也没关系，首先，这个测试只是趣味测试，结果不一定准确；其次，我们还有更好的方法从一个人开车的习惯中看出其性格。

一个人的一举一动都会透露其性格和品质，尤其在对方不再伪装自己，不再努力给你留下好印象，或者没有意识到你在观察他时。因此，观察一个人的驾车习惯，也能看到他的真实性格。开车的习惯可以反映一个人控制情绪的习惯。如果一个人开车时显得暴躁、不耐烦，这个人在与人相处时也会出现同样的情绪。

按照规定速度开车的人，守法尽责，做事风格比较中庸，不会骤然冒险，在生活中是保守派。行车速度比规定的速度慢，这种人坐在方向盘后面没有安全感，没有自信，无法操控一切。这种情况多见于新手上路，如果是老司机还是这样开车，那么此人性格就是如此，不自信，不愿出彩，也不想犯错，是个良好的执行者，但无法担任管理者，更无法从事与艺术表演相关的工作。

超速行驶的人则完全不同，他们不喜欢受制于人，憎恨权势，如果他的父母、老师是那种做事严谨、掌控欲强的人，超速行驶就会成为驾车人发泄情绪的方式。这样的人情绪化，竞争意识很强。

爱大声按喇叭的人喜欢尖叫、大喊、发脾气，性格暴躁，应对挫折的能力比较差，遇到阻碍时心态马上就变了，习惯用高声表达内心的焦虑和不安。开车不喜欢换挡的人比较喜欢按照自己的方式生活，追求舒适、惬意的生活，希望把所有事情都安排好，害怕麻烦，如果出了问题，喜欢将事情都揽在自己身上，不喜欢向别人请教。

绿灯一亮就抢着往前冲的人，做事喜欢抢先，享受胜利的过程，而不是结果，不想品尝失败的滋味。绿灯亮了之后缓慢行驶的人不喜欢与人竞争，避免让自己锋芒毕露，并相信这样就会避免他人的拒绝和伤害。

遇到堵车时，开着车在车阵里钻来钻去，或者紧紧跟着前面的车子，对前面车的司机怒目而视，这类人好冲动，希望自己能够出类拔萃，但是处理不好和他人之间的关系。如果堵车了，仍然表现平静，不温不火，说明他的自控能力比较强。情侣出行，主动驾车的一位喜欢控制两人的关系。如果一个人非常喜欢操控方向盘，甚至在对方的车里也是如此，说明此人是典型的控制狂，不仅想控制感情生活，甚至想控制一切。

其实，随着汽车进入人们的生活，成为日常生活中重要的一部分，人和车的关系已经不只是简单的使用者和工具之间的关系了。而且，男人、女人和汽车的关系还有些不同。宝马公司为了策划未来的车型，曾经做了一份心理学报告。报告中指出，男性开车时更喜欢单手操作方向盘，女性则恰好相反，双手紧紧地握住方向盘，原因是男性将车看作自己的一部分，驾车时比较轻松自在；女性则将车看成独立存在的个体，和汽车的心理距离比较远。

而且，与人谈话时，男性偏爱讨论汽车，以此表达自己的感情，他们在谈论汽车时就像在谈论自己，男性通常非常厌恶别人损害自己的车。在准备离开时，他们还喜欢含情脉脉地拍拍方向盘、仪表盘或者反光镜，好像在和车子说再见。

女性则倾向于直接表达感情，不管多么昂贵、设计多么精美、工艺多么精细的汽车，在女人看来都是身外之物。这便可以理解女性为什么会给自己的车起名字，因为对她们来说，那是另外一个存在，如《来自星星的你》中千颂伊的奔驰 E400 Coupe 闺名就唤作“小笨笨”。

调查显示，46% 的男性将没有握着方向盘的另一只手放在操纵杆上，27% 的男性将另一只手放在膝盖上；女性中，只有 31% 的人将另一只手放在操纵杆上，39% 的人将另一只手放在膝盖上。

车内的杯托也能够反映驾车者的生活状态。经常使用杯托的人生活节奏快，很可能是工作狂，不愿意浪费任何一分钟时间。

男性与女性在开车方面更大的不同在于，和女性相比，男性开车时的行为更像是“山顶洞人”，原始社会男性攻击、冒险的基因完全被现代男性继承下来。因此，男性开车时更具有攻击性，违反交通规则的频率比女性高，车祸发生率也比女性高。

Hi 和 Hello 的不同

说“Hi”或“Hello”是美国人打招呼的方式，相比之下，“Hi”常见于比较熟悉的朋友之间，“Hello”显得正式一些。当然，英语中还有更正式的打招呼方式，比如，英国人在初次见到陌生人时会问“How do you do”，美国人则会问“How are you”。至于亲密的朋友之间，打招呼的方式则更多样，也更随意。

不同国家的人打招呼的方式是不同的，中国人传统上是以肢体动作和人打招呼的，如拱手、鞠躬；泰国人是双手合十，男性将双手放在脸部前方，女性则放在胸前，嘴里问候“萨瓦迪卡”；日本人见面行鞠躬礼，鞠躬时间和对对方的尊敬程度成正比；非洲通行的问候是举起右手，手掌向着对方，传达的信息是“我的手里没有石头”。

社会中从事不同职业的人打招呼的方式也有所不同。心理学教授见面可能这样说：“嗨，你看起来不错，我看起来怎么样？”原因是心理学研究采用观察法，教授想通过别人认定自己的状态；超声波无损检测员见面可能这样说：“昨晚拍 X 射线拍到几点啊？”或者“怎样，又通宵了？”气象学博士见面第一句话可能是“嗨，明天下雨不？”生物工程专业的学生会问“摇床关了没？”时事评论员会说：“嘿，美国跟叙利亚打起来没？”熬夜加班的程序员则会这样问候彼此：“Hello world！”

古代的中国人喜欢用“无它乎”问候对方，意思是“你没有被蛇咬到吧？”当时人们的居所简陋，经常在熟睡中被蛇咬伤或者咬死，因此，人们见面首先关注的是生命安全。

如今，招呼成为人们联络感情、沟通信息的方式，打招呼的方式既代表了人与人之间的相互尊重，同时体现一个人的素养。正因如此，我们才可能从不同的打招呼方式中了解一个人的心思。

人在打招呼时，不仅仅是口头语言上的交流，还有动作、表情上的沟通。性格开朗、待人亲切，喜欢照顾别人的人在打招呼时喜欢向人招手示意。当然，有时向人招手是因为对方相距太远，怕对方听不到自己的声音，只好用动作表达。

打招呼时眼睛直勾勾地盯着对方，给人一种咄咄逼人的感觉，这种人自我意识很强，喜欢从自己的角度考虑问题，具有攻击性。他们对人存有戒心，想通过打招呼的方式试探对方，并且在气势上压倒对方。

亲密的朋友之间打招呼时，喜欢拍打对方的肩膀，动作幅度大，而且非常亲密，表明朋友之间没有隔阂，不分彼此。如果是陌生人，对方毫无顾忌地拍你的肩膀，他不是在表示友好，而是想给你一个下马威，以显示他的优势。

性格胆怯，害怕见陌生人，有着强烈自卑感的人在打招呼时不看对方的眼睛，而是将目光移到他处，顾左右而言他。为人处世方面，他们总是显得不自信，遇事犹豫不决，常给人性格孤傲、看不起别人的错觉。

一些人很少甚至从来不跟别人打招呼，从表面上看，这种人不懂社交礼仪，没有礼貌，从更深的层次来说，这是自卑心理。他们个性独立，讨厌社交场合的相互寒暄，觉得带着笑脸说些无关痛痒的话很虚伪，很做作。因此，他们给人留下的是自恃清高的印象。他们在工作中喜欢孤军奋战，做事很勤奋，但效果并不好，有时由于过度忙碌，走路时也保持思考状态，即使遇到熟人，仓促间想不起名字，只能干瞪眼或者低头继续走路。

看到熟人绕道走，回避打招呼的可能，大概有三个原因：一是心虚，做了对不起对方的事，比如欠债不还；二是讨厌对方，早已厌恶透顶，连面都不愿意见，更不想和对方打招呼；三是自卑，羞于见人。

通过人们在打招呼时的习惯用语，能够了解到这个人身上更多的东西。美国路易斯维尔大学的弗拉杰教授总结了一些常用的打招呼用语。说“你好”的人头脑冷静，对待工作、生活一丝不苟，喜欢掌控自己的情绪，不喜欢大惊小怪，不会情绪化，这类人深得同事、朋友的信赖；直接喊“喂”的人活泼开朗，精力充沛，渴望受人仰慕，直率坦白，不会固执己见；说“嗨”的人则趋向腼腆、害羞，多愁善感，担心出错，因此不敢做出新的尝试，容易陷入为难的境地；问对方“有什么新鲜事”的人雄心勃勃，好奇心强，遇事喜欢打破砂锅问到底，热衷于物质享受；用“你怎么样”打招呼的人则充满自信，习惯占据主导地位，行动之前会深思熟虑，一旦行动起来，则会全力以赴，不达目的誓不罢休；打招呼时故意向后退几步的人可能认为这是一种礼貌或者谦让，别人则会认为这是故意拉开距离，是一种拒绝的信号。之所以后退，可能是防卫、警戒心理的作用，对双方的交往有顾忌、恐惧。

其实，一个人打招呼的方式是从小学起的，就像人的性格是在生长的环境中一点点培养起来的一样。父母的榜样作用、家庭人际关系的熏陶、个人与环境之间的磨合，都会影响一个人打招呼的方式。对于一个没有社会交往经验的孩子来说，父母的引导非常重要，甚至可以说，父母的指导完全影响孩子未来和别人打招呼以及与人交往的方式。

不管是到别人家做客，还是在公共场所遇到熟人，都会看到大人半强迫似的要求身边的孩子跟别人打招呼。不怕生的孩子会顺着大人的意思，喃喃地说一声“阿姨好”“叔叔好”；个性比较内向、敏感的孩子，就会努着嘴，向后退，不管大人怎么催促都不开口，站在一旁的家长觉得面子上挂不住，开始责备道：“小孩子怎么可以这么没有礼貌……”气氛顿时尴尬，连身边的朋友都不知道怎么接下面的话。

一个人的良好的行为习惯是通过长期学习养成的，绝不是受到父母的责骂、羞辱之后立刻形成的。大多数大人不觉得孩子有自尊心，认为说两句、骂两句孩子都不会放在心上。其实，即使是最亲爱的爸爸妈妈，在说出“这么没有礼貌，以后没有人喜欢你了”“没有礼貌的孩子不是好孩子”之类的话时，已经将语言暴力施加在孩子身上，父母在无意之间、在无知的情况下伤害了孩子的自尊心，很可能影响他未来人际交往的方式。

小孩子对陌生人的胆怯、害羞是与生俱来的，是自我保护的方式。孩子在面对陌生人的瞬间会有警觉，他们静静地看着陌生人，不管对方是叔叔还是阿姨，他们都会用自己的观察去感受，去了解“这个人安不安全”“他对我好不好”。成年人如果忽略这个过程，直接让其他成年人闯进孩子的世界，靠近他，摸摸他的头，拍拍他的脸，则会给小孩子造成恐慌，此时，如果爸爸妈妈责备孩子没有礼貌，不听话，让大人丢脸，对孩子来说简直是雪上加霜。父母只有在对儿童心理充分了解的前提下指导孩子的行为，才有可能培养出懂礼貌、善交往的孩子，这一点，彤彤的妈妈做得就不错。

妈妈带着4岁的彤彤到书店买连环画，恰好遇到了一个朋友，两个大人寒暄过后，妈妈对彤彤说：“彤彤，这是李叔叔，他是妈妈的好朋友哦！”彤彤有点害羞，没有吭声，悄悄地躲到妈妈背后去了。

李叔叔在离彤彤有一段距离的地方蹲下来，笑着对彤彤说："彤彤，你好，我是李叔叔，还记得我吗？"彤彤没有吭声，继续躲在妈妈身后。李叔叔和妈妈断断续续地聊了一会儿，要离开时，李叔叔说："彤彤真可爱，彤彤再见。"妈妈低头对彤彤说："李叔叔要走了，要不要和叔叔说再见？"彤彤还是有点害羞，看了一眼李叔叔，喃喃地说了一句"叔叔再见"。

大人要给孩子做示范，教他们如何与人打招呼，如何与人说再见，然后给孩子时间、空间，让他们自己去观察大人，听大人说话，不强迫孩子马上做出回应，耐心等待孩子自己的反应，如果这一次不行，还有下一次。如果孩子觉得安心，再询问孩子的意愿，引导他们与人打招呼和道再见。

说到底，一个人打招呼的方式就是一种与人相处的模式，也是其人格特征的体现。一个人的个性是积极的还是消极的，是乐观的还是悲观的，是自信的还是自卑的，往往从见面的第一句话中就能看出来。对当事人来说，除非刻意欺骗，见面的第一个表情、第一句问候就表明了内心的真实状态，这就是"心理—行为—心理"的奥秘所在。

刷牙姿势的秘密

每个人的刷牙动作都有各自的特点，有的人刷得慢，仔仔细细地慢慢刷，有的人毛毛躁躁，三下五除二就刷完了；有的人漱口时弄出很大的响声，有的人漱口时只含很小一口水，声音也很轻。每个人用的牙刷也不一样，有长有短，有硬毛有软毛，牙膏口味也有薄荷香、绿茶和水果口味等。

向上刷、向下刷，都是正确的刷牙方式。刷牙的时候上下刷的人，自我形象很好，而且保留着幼年时代的价值观和道德观，是一个可以信赖的、友善的、快活的人。这种人懂得自爱，有进取心，但也循规蹈矩，尊重游戏规则，对别人采用不公平的竞争方式深恶痛绝。

左右乱刷是错误的刷牙方式，不但不能彻底清洁牙齿，还可能伤及牙龈。可是为什么有人用错误的方法刷牙呢？在成长过程中，这类人可能和父母有过严重的冲突，而且，目前仍处在叛逆期。喜欢唱反调，与人争辩，尤其是在一些鸡毛蒜皮的小事上。

明知道自己犯了错，还继续我行我素，继续错下去，属于一条道跑到黑的性格。这类人待人处事的方法和他们做人的原则是不同的，装作和每个人相处愉快，摆出一副喜欢工作，享受工作的样子，其实他们不喜欢身边的人，也不喜欢手里的工作，只是不肯面对，没有勇气改变而已。

只在早上刷牙的人在意自己给他人留下的印象，希望在别人面前展现自己最好的一面，甚至可能按照别人的期待过日子；只在晚上刷牙的人在乎的只有一件事：不要蛀牙。这类人说话算话，而且不说废话，希望以最少的精力完成一件事，不必完美，差不多就可以；每天刷牙超过三次的人可能长期缺乏安全感，有些神经质，而且有强迫倾向，做事情需要不停地检查，反反复复地确认才能安心。

刷牙是一个重复的、简单的动作。刷牙的全过程不过耗费两分钟的时间，对减轻压力也颇有裨益。全神贯注地刷牙，人会进入专注的无意识状态，这种状态能够创造洁净的自我空间，促进血液循环，帮助人们减轻疲惫。对大脑来说，全神贯注地刷牙是很好的休息。

BBC 的电视节目《一周使你更聪明》中曾教给观众锻炼大脑的方法，

包括骑自行车或步行上班、和不认识的人聊天、做脑筋急转弯或者纵横字谜游戏、背诵购物清单等，还有一项便是用平时不常用的那只手刷牙。越来越多的心理学证据表明，通过做些反常态的事情，可以改善大脑的功能，令人变得更加聪明。

用平时不常用的手刷牙，动作上会有些不适应，显得迟钝，刷牙速度会变慢，这样能降低刷牙的动作频率，让大脑冷静下来，消除焦躁的状态。而且，用不常用的手刷牙还能反过来刺激大脑，促进大脑的活性。

有了保护牙齿的意识后，有的人不仅早晚刷牙，而且每次饭后都会刷牙。但是，饭后立刻刷牙并不是好习惯，反而会损害牙齿的健康。人在进餐时，食物产生的酸性物质附着在牙齿表面，这些酸性物质会腐蚀牙齿。吃完饭马上刷牙，会使酸性物质与牙釉质中的钙、磷分子发生反应，导致牙齿软化，将酸性物质推入牙釉质当中。

水果、碳酸饮料中的酸性物质比较多，牙齿更容易被腐蚀，因此，吃完苹果或者喝完碳酸饮料后立即刷牙，就会有大量的酸性物质进入牙齿深部，从而产生酸酸的感觉。如果你已经养成了饭后刷牙的习惯，大可饭后先用牛奶或者清水漱口，半个小时后再刷牙。

从前往后，从后往前

我们每天起床刷牙、洗脸早已形成了习惯，就像设好程序的机器一样，自动化操作，不用担心出错。有的人喜欢先刷牙，后洗脸；有的人喜欢先洗脸，后刷牙，先后顺序纯属个人偏好，并没有什么绝对的道理。

但是大多数人先刷牙，主要原因有两种：其一，经过一夜的睡眠后，口腔里滋生了大量的细菌，需要第一时间清理掉；其二，先洗脸，后刷牙，脸上会残留牙膏的泡沫，还要重洗一遍。

刷牙之前，每个人都要将牙膏挤在牙刷上，即使使用电动牙刷，还是要人工挤牙膏。虽然平常很少有人低头看挤出来的牙膏是什么样的，也不会在意自己从牙膏管的什么地方开始挤，但在心理学家看来，任何不起眼的小事都能透露一个人的性格，挤牙膏这个司空见惯的动作也是如此。

有的人喜欢从管尾开始挤牙膏，小心翼翼地，挤过的牙膏管也比较整齐。他们知道牙膏多久会用完，因此会提前准备新的牙膏。这样的人做事小心谨慎，保守传统，有一套完整的生活规划，并且会朝着既定的方向努力。他们喜欢打有把握的仗，不喜欢生活中充满大风大浪。

有的人喜欢将牙膏管的尾端卷起来，一点点地往前挤，牙膏管的形状总是前面鼓鼓的，后面扁扁的。这类人的个性敏感细腻，感情丰富，追求安稳，不喜欢冒险，但也比较挑剔，很少夸赞别人。

另一些人喜欢从靠近管口的地方开始挤，管口的牙膏没有了，就把中间的部分压到管口，然后再从管口开始挤，牙膏用到一半时，他的牙膏管是两头凸，中间凹，看起来不够整齐。这类人乐观豁达，脑子里带着浪漫主义的幻想，生活充满不确定，对未来没有太多谋划，走一步算一步。

还有的人挤牙膏是没有特定规律的，完全凭借自己的心情行事，今天从头部开始挤，明天可能从中间，后天可能从后面。这类人个性随意，思维灵活，不太在意细节，也不会在小问题上苛责别人。心血来潮时，会定下一个宏伟的计划，并且憧憬计划实现后的结果，但通常坚持不下去。

从挤牙膏的量上也能看出一些性格特征。每次挤得很少，一管牙膏彻底用完之后才肯换新的，这类人比较温顺，能够体谅别人，但有些保守、缺乏创意；把牙膏挤得足足的，甚至多到从牙刷上掉下来的人，性格豪爽、大方，但有时显得粗心大意，忽略了他人的感受。

挤牙膏的方式或者是从父母那里学来的，或者是自行摸索而成的动作模式，它既是生活习惯的体现，也受个人性格的影响。人的性格是不会轻易变化的，挤牙膏的方式也是如此，不要妄想按照自己的方式要求别人，也不要期待一个人会轻易做出改变，即使是刷牙、挤牙膏这样的小事，妄自尝试者，就会像闫俊一样，碰个满头包。

星期一本来就是让人不悦的一天，前一天的疲惫、睡眼惺忪、堵车、开早会，一系列因素构成了星期一综合征。对闫俊来说，这还不够。他早上起床就和老婆吵了一架，而且还是因为鸡毛蒜皮的小事——挤牙膏的方式。

早上起来，老婆心情不错，哼着小曲儿，做着早餐，还帮闫俊把牙膏挤好。闫俊起床后，走到洗手间准备洗漱，看牙膏管又被老婆从中间挤出个大坑，心里顿时不悦。其实闫俊已经忍了很久了，但觉得这是小事，没有必要时不时地特别讨论一次，今天看老婆心情不错，就顺便说了一下。

“老婆，人家挤牙膏都是从下往上挤的嘛，你看你挤的这样，中间出一个大坑，多难看啊，以后咱不这样挤了啊！”

闫俊原本期待着老婆从厨房出来，笑嘻嘻地对他说：“知道了，老公，下次我会注意的！”没想到她气冲冲地走过来说：“挤牙膏这种事，能挤出来不就好了，用得到管那么多吗？”

“这你不知道了吧，通过挤牙膏是可以看出一个人的性格的，看看牙膏管的样子，就知道你个性随意、散漫、不够理智，你看，马上应验了吧！”

“嗯，挺准确的，我就是随意、散漫、不理智，你想怎么着吧？我说你是不是没事找事啊，姑奶奶把你伺候得太舒坦了吧？我一大早上忙里忙外，你在那儿睡懒觉什么活都不干，帮你挤个牙膏你不谢谢我，还在那给我啰里吧嗦讲半天，你想怎样啊？”

眼见老婆真的发火了，闫俊只好息事宁人，两个人安安静静地吃过早饭各自去上班。开着车一路到公司，闫俊的心里这个懊恼啊：“我这不就是嘴欠嘛，不说不就没事了。”回家之前还要想个法子逗老婆开心，黑暗的星期一雪上加霜了。

其实，老婆挤牙膏的方式从进家门的那天起就受到诟病。闫俊将当时还是女朋友的老婆带回家里见父母时，母亲悄悄地观察了两三天，最后给闫俊的结论是：“这以后过日子，得是你伺候她呀！”原因包括：老婆不是像闫家人一样从后往前挤牙膏；洗完澡的卫生间到处都是头发和水；不会做饭；挑食；睡懒觉；大小姐脾气……突破了重重难关，闫俊的婚事终于得到了家里的同意，前提是闫俊要慢慢改掉她的各种毛病，让她配得上做闫家的媳妇。老婆也答应会改掉散漫、随性的生活习惯。

只可惜结婚之后，一切都没有变化，唯一的欣慰是不再是闫俊一个人忙活家务，老婆也愿意朝着贤妻良母的方向发展一下，比如起床做个早饭。不过，挤牙膏这件事过后，闫俊可不敢说自己有信心改造老婆，给爸妈一个满意的儿媳妇了。“如果能自在生活，怎样挤牙膏又有什么关系呢？”闫俊自我安慰道。

戴眼镜的人

从前，戴眼镜给人的感觉是书生气，是有知识、有文化的象征，只有先生才戴眼镜。现在患近视眼的人越来越多，戴眼镜已经没有了原来那种代表身份、地位的含义了，不过，戴眼镜依然能给人勤奋、聪明的印象。心理学家则从戴眼镜的人与眼镜的“互动”中看出他们行为上的习惯和内心的秘密。

在看电影或者动漫时，戴眼镜的主人公不经意间的一个推眼镜的动作，常常能将故事情节推向高潮。《名侦探柯南》中，柯南在推理过程中总是会不经意地推一下眼镜，有时候他会用右手的拇指和食指从下到上抬一下眼镜，有时则用中指从中间向上推。

柯南用中指推眼镜

柯南用拇指和食指抬眼镜

从推眼镜的动作能够看出一个人的性格。电视中常有用手指从鼻梁处向上推眼镜的人，这种人通常比较自信，性格含蓄，知识丰富，不张扬，不做作，善于抓住机会，通常都是某个领域的行家。《神探伽利略》中的汤川学在调查案件的过程中，突发灵感时都会做一个很特别的推眼镜动作，虽然显得有些做作，但他的确是物理学领域的专家。如果一个人在接受重大任务之时做出这个动作，表露的是他对工作相当有自信；与别人讨论问题时这么做，表达的是有信心说服对方。

《神探伽利略》中汤川学的经典手势

喜欢单手抬眼镜框的人，性格比较温和、细腻，是慢热型的人。人群中，这类人比较极端，要么人缘很好，是朋友的贴心小棉袄；要么内向不合群，身边没什么朋友。如果你想和这样的人交朋友，需要不断地主动进攻，才能让他敞开心扉。不过，即使和这类人成为好朋友，他们也不会表现得多么积极，谈话时，他们更喜欢扮演倾听者的角色。

用两根手指分别抵住镜片下端推眼镜，这类人比较虚心，勤于学习，不喜欢反驳别人，因此容易被别人牵着鼻子走，很难表达自己的高见；单手捏住眼镜腿的人特别有自己的想法，做事有自成一套的步骤，做事之前，他们会静观其变，了解事情的来龙去脉，制定详细的行动计划之后，才会行动起来。在这个过程中，他们会严格按照计划行事，直到达到目的为止。

当人感到焦虑、紧张、犹豫不决时，人的面部会出现刺痒的感觉，让人不自觉地想摘掉眼镜，以减轻不适。此外，需要谨慎判断时，人总是希望自己能擦亮双眼，戴眼镜的人则会反复擦拭镜片，希望通过这种方式看清世界。这也是一种渴望处在控制地位的需要，想要知道接下来会发生什么事情。

英国心理学家研究发现，频繁地摘下眼镜、擦拭镜片，或者咬着眼镜腿的人通常是为了拖延时间，帮自己理清思路，然后再做出明智的决定。这类人的性格往往优柔寡断，从来都不能很确定，有时候，他们摘下眼镜，不停地往镜片上哈气，擦拭镜片，是为了使别人迷惑，让别人不知道将要发生什么事。与人谈话时，如果对方摘下眼镜、擦拭镜片，说明他心中感到茫然，不知道如何是好。这时，千万不可催促，最好将谈话暂停一下，给对方多一些思考的空间和时间，或者给他一点建议。

戴眼镜的人给人的印象通常是文静、斯文、内向，不过具体到每个人，情况会不一样。如果看到一个戴眼镜的人安安静静地坐在那里，人们不会觉得异常；但是看到一个戴眼镜的人活泼好动，尤其是小孩子，人们还有点不适应。

国内的一项医学调查显示，戴眼镜的儿童和不戴眼镜的儿童在性格上存在很多差异。许多家长也表示，孩子自从戴上眼镜之后，性格好像发生了变化，变得更加内向了。中学时期，阳光帅气的男生因为近视戴上了眼镜，一副黑框眼镜架在鼻子上，帅哥也变成了“四眼书呆子”；女孩子戴上眼镜也不好看了，会被小伙伴们喊作“四眼妹”。原本喜欢运动的孩子会因为每次运动都要摘下眼镜，但摘掉了又看不清，实在太不方便了，长此以往，也就不再喜欢运动了。

许多人戴上眼镜之后，不仅形象会发生改变，性格也会跟着改变，变得安静、内向，甚至有些害羞，连他本人都觉得，戴上眼镜一点儿都不好看。尤其是处于青春期的孩子，性格正在形成期，非常在意自我的形象，如果因为戴上眼镜对自己的形象不满意，可能会带来一些负面的影响，比如自我评价降低、感到自卑等。

其实，戴眼镜好看不好看都是认知的问题。如果周围的人都没觉得戴眼镜有什么问题，甚至觉得眼镜是一种装饰，可以让人变得更漂亮，戴眼镜的人就不会有心理负担，一些并不近视的孩子还要戴个平光的眼镜，或者戴个没有镜片的镜框作为装饰呢！他们并不觉得不方便或者不好看。相反，如果一个孩子戴上眼镜之后，周围的人给出的都是一些负面的评价，当事人的认知也会随之发生变化，觉得戴上眼镜好丑，长此以往就会变得自卑、胆怯。

美国的一个4岁小男孩诺亚因为担心戴上眼镜会被大家嘲笑而拒绝

戴眼镜。每次妈妈给他戴上时，他都会号啕大哭。诺亚的妈妈没有办法，只好在 Facebook 上发起了“帮助诺亚戴上眼镜”的话题，希望网友们能够帮助诺亚克服不愿戴眼镜的心理障碍。

结果，这个话题吸引了 4 万人参与讨论，各地的眼镜爱好者都将自己喜爱的眼镜和诺亚分享，妈妈则每天给他看这些照片，希望他能够接受“戴上眼镜也很帅”的观点。潜移默化中，诺亚从拒绝戴眼镜变成了一个眼镜控，在他眼里，戴眼镜不再是一件糟糕的事了，相反，他能够戴着眼镜，摆各种酷酷的 pose，还能对着镜头拍照呢！

戴眼镜也会给成年人的外在形象造成影响，一项来自伦敦的调查结果指出，戴眼镜的人看起来比他们的实际年龄要老 3.3 岁，45 岁以上戴眼镜的人情况则更加糟糕，他们看起来比实际年龄大 5 岁。研究人员将被试者分成了两组，同样是猜测照片中的人的年龄和特质，一组观看的是 10 个戴眼镜的人的照片，另一组观看的是这 10 个人的照片，但是照片中的人没有戴眼镜。结果，戴眼镜的人得到的特质评价包括“令人生厌”“缺乏自信”“身体残弱”等负面的信息。

像谢尔顿那样敲门

人动作的轻重缓急和内心力量的强弱息息相关。比如敲门，一个人敲门的节奏、轻重、时间等，能反映出一个人此刻的内心状态，也能反映一个人的性格、期望等。

从强度来说，敲门声音响亮的人比较自信，内心的力量比较强大；敲门声细若游丝，生怕吵到别人的人，做事谨慎，但也不太自信，在交往中会比较消极、被动。敲门的声响还和敲门的身体部位有关，拜访朋友家，敲门时都是手指轻叩，如果有人用手掌把门拍得震天响，甚至拳脚相加，此人不是来寻仇的，就是居高临下，看不起门里面的主人。敲门声缓慢，敲两下就停下来，这类人可能是感到疲惫、沮丧，正陷入糟糕的情绪中无法自拔。还有一类人，敲门声音很大，但是不会开口询问“屋里有人吗”，这样的人很粗鲁，同时性格偏内向。

从敲门的时间来看，里面没有回应，但是依然坚持很久的人，意志力很强，做事不屈不挠，但是偏于固执，不善变通；敲两下，停一阵，然后又敲一阵的人心思缜密，做事时会将环境中的各种因素都考虑进去，有时会因为思虑得太多，造成无法决断的问题。

从敲门的节奏能够看出一个人的修养和习惯。均匀地敲三声，此人平日里也非常自律，懂得自我控制；有的人则能敲出花来，敲门声欢快，富有节奏，好像他不是在敲门，而是在敲鼓。这样的人基本属于乐天派，天性乐观、开朗，整天没有什么烦心事，用敲门声也能给对方带来快乐。

当然，即使不是自律的人，在求人办事，需要表达敬意时，如推销员敲门推销东西，下属敲上司的门，适当地控制敲门声会给人有礼有节的印象，方便进一步地交谈。在亲密的朋友、爱人之间，敲门就没有什么过多的讲究，许多人推开伴侣的房门是不会敲门的。

在众多的敲门方式中，也有像《生活大爆炸》中的谢尔顿那样奇葩的敲门习惯。谢尔顿有严重的强迫症，因此其敲门方式也显得非常奇特。比如敲邻居潘妮的门时，他会这样做：“（当，当，当）潘妮，（当，当，当）

潘妮，（当，当，当）潘妮。”

最开始，他只是按照普通的方式敲门，敲一下，而且不喊潘妮的名字。有一次，谢尔顿敲莱纳德的门，敲到第三次的时候，莱纳德应答，之后，谢尔顿又敲了潘妮的门，潘妮也是第三次时应答。由此，谢尔顿形成了习惯，此后不管敲谁的门，他都必须敲三次，每次三下，敲完一次喊一声对方的名字。

除了强迫症之外，谢尔顿可能患有阿斯伯格综合征，只是症状比较轻微——尽管他一直强调，妈妈带他检查过，结果显示正常。从谢尔顿的一系列行为中，我们可以发现，他有情绪认知障碍，别人说的讽刺话他通常都听不懂，对伴侣的暗示他更加不感冒。

他的生活遵循一个模式，坐在固定的位置上；从星期一到星期日有固定的食谱；作息时间严格按照时间表走；空调温度不合适，他也会发疯；看电视的角度、沙发摆放的位置都不能发生变化。这种独特的敲门方式也是他独具特色的行为模式之一，不过谢尔顿是介于疯子和天才之间的奇特人物，他的敲门方式在人群中并不常见。

拿杯子的方式

收集东西是一种爱好，有人喜欢集邮，有人喜欢收藏画，有人喜欢玩古董，有人喜欢收集黑胶唱片，有人则喜欢收集杯子。杯子的形状各异，用途也不尽相同。不管你喝的是白兰地、香槟、橙汁、白开水，还是其他什么饮料，你总是需要一只合适的杯子来盛装的。或许，最便宜也最方便的一次性纸杯能胜任这份工作，但是，如果有一只更合适的杯子，想必杯子里的东西喝起来也会更加有滋味吧。

按照人们的习惯，喝咖啡要用马克杯，喝红酒要用高脚杯，喝啤酒则要啤酒杯，喝二锅头要用小酒盅……各种杯子各司其职，这是杯子界的职业分工吧！喜欢收集杯子的人特别在意杯子的用途，“如果乱装的话，杯子会哭的”。

杯子就像是一种生活方式的象征，大号的马克杯让人享受慵懒的家居时光；随身杯和希格水壶给人外出旅行的错觉；青花瓷杯给人小清新的感觉，让人慢慢看，慢慢陶醉；紫砂茶杯则让人掉进历史时空，享受古朴的茶水滋味。杯子进入人们的生活，代表了一个人的品位，有时候，杯子还能反过来影响人的情绪。

东京有一家咖啡屋生意惨淡，经营困难。老板为了找到问题所在，在顾客中做了一次问卷调查，大多数人反映，这家咖啡屋的咖啡味道太淡，感觉老板在加工咖啡时偷工减料了，他们不想在这样的咖啡屋中消费。老板听了，心里涌上一阵痛楚，心中的冤屈无处倾诉。实际上，他从没有这样做过，和周围的咖啡店相比，同样价格的咖啡，他家的咖啡用料只多不少。

为什么顾客会有这样的感觉呢？老板百思而不得其解，后来，他找到了一位学心理学的朋友。朋友在店里观察了几天，发现顾客之所以会抱怨咖啡的味道淡，可能和咖啡屋所用的杯子有关。店里的咖啡杯是黄色的，与咖啡对比起来，就显得咖啡的浓度不够。朋友建议，换掉黄色的杯子，改用红色的。就这样，咖啡的浓度没有变化，但是顾客已经不再抱怨咖啡的味道太淡了，甚至有人称赞店里的咖啡味道更好。

顾客间口口相传，咖啡店的生意开始红火起来，营业额也比之前翻了好几倍。

喝咖啡，喝的是一种心情，一种情调。一杯咖啡，不能果腹，却能提振精神，安慰舌尖。就像塞缪尔·约翰逊说的："咖啡馆不只是出售咖啡的场所，还是一种思想，一种生活方式，一种社交模型，一种哲学理念。"到咖啡屋喝咖啡的人选择的是一种认同，不管是咖啡的味道、杯子的颜色，还是环境和氛围，选择什么样的咖啡馆，代表了此人认同什么样的生活方式。

生活中，人们时时刻刻和杯子打交道，此刻的你，看看你的办公桌上或者家里的茶几上，摆放着一只什么样的杯子呢？它是你随机选择的，方便好用就好，还是精心挑选，符合你的生活品位的杯子呢？你是如何拿杯子的呢？不管是喝水、咖啡、茶，还是其他饮料，你的手放在杯子的哪里，与杯子本身形成什么样的互动模式呢？

试想一下，现在你的面前有一只装着果汁的玻璃杯，你拿起它，将果汁喝掉，这时你低头看一下，你的手放在哪里了？是放在玻璃杯的上方、紧握玻璃杯的中央、握住杯底、双手握住杯子，还是一边拿着杯子，一边用手夹着笔？这些握杯的方式，就是你内在性格的反映。从一个人握杯的姿势中能读出大量信息，英国伦敦大学的威尔逊教授就研究了 8 种握杯方式，每一种握杯方式都代表了一种性格。

在社交场合中，将酒杯放在脖子、手臂等裸露的部位，一边啜饮，一边与对方进行目光交流，这样的表现意味着对对方感兴趣，如果是女人的话，则是希望引起男人的注意；如果握住酒杯的上端，配合手势来回舞动，之后将酒杯置于身下，这样的人有固定的社交圈子，外人很难进入，如果是几位女士这样握着酒杯坐在一起，她们可能在聊一些闺蜜之间的悄悄话，识趣的人还是不要去打扰了。

抓住瓶子直接畅饮的人，不管是男人还是女人，都给人放得开，容易接近的感觉，这类人也的确喜欢社交，乐于认识更多的人，扩大自己的社交圈。他们对陌生人抱着欢迎、接纳的态度，如果想接近他，最好的方法是直接走过去，简单地说声“嗨”或者以小幽默来开场。

紧紧地抓住酒杯，好像别人随时会抢走似的，而且喝得很慢，这样的人就属于自我封闭型，被动、害羞，如果没有人主动搭讪，完全可能一个人安静地坐一个晚上。接近他的方法是先美言几句，增强他的自信心，一旦话匣子打开，你会发现，可以聊的话题非常多，而他广阔的见识常常令人惊叹。

紧握酒杯的冷面美人给人可远观而不可亵玩的感觉，她们避免和任何人有亲密的接触，防御心强，猎艳的男性最好不要靠近这类女子，否则不仅浪费时间，还可能惹祸上身。花花公子手里的酒杯就像是道具，他们自信、富有活力，在酒会的每一个角落游走，占有欲很强，享受一段浪漫邂逅是他的终极目标。

举着酒杯，四处摆臂，不停地向他人宣传自己的观点，这种人比较注重自己的形象，自信，还有点傲慢，没有利益交集的话，大可不必听他念经。举着大酒杯或者酒瓶四处招摇的人，不过是在炫耀自己的酒量，这种人以自我为中心，喜欢在玩笑中挖苦别人，因此容易与人起争执。

此外，拿杯子时伴随的一些手指动作也会透露当事人的情绪。一只手握杯，另一只手夹香烟，这类人很有自信，在人际关系中游刃有余，但是此刻他并不希望被打扰。不停地晃动杯子，弄得冰块相撞，吱嘎直响，他正因无所事事而感到无聊，你不妨走过去，和他简单聊两句。用手指敲击杯子是焦虑的象征，他不得不通过这个动作来缓解自己内心的不安。如果一个人用指甲抠杯子，发出刺耳的声音，这是危险的信号，此人肯定是怒火中烧，等待时机发泄情绪。离他远点吧，否则你极有可能成为他的出气筒。

第七章

吸引力的秘密

牵手是爱人之间一种曼妙的语言，行走过程中，男人牵起女人的手，代表亲密关系的建立；老夫老妻牵手，代表相濡以沫，相互扶持，不离不弃。牵手代表着“我愿意和你在一起”，因此，十指相扣的简单动作就能让大脑中纤弱的神经兴奋起来。

男人这样说，女人那样说

有一个经典的关于夫妻之间鸡同鸭讲的笑话。

男："你又怎么了？"

女："什么叫'又'啊,我就今天心情不好……看来你一点都不懂我。"

男："那你怎么了，发生什么事了？"

女："……"

男："你倒是说啊！"

女："我以为你懂的，什么事都要我说明了，你才能明白吗？"

男："你要说出来我才能懂啊，到底怎么回事，你说出来嘛！"

女："不说，反正你也不懂我，不懂的人说了一样不懂，懂的人根本不需要说出来。"

男："你不说我怎么会知道，我不是你肚子里的蛔虫，我也不会读懂人心的技巧。"

女："有些事情根本不需要说。"

男："……"

艰难的对话最后，女人兀自流泪，心中懊悔找了一个根本不懂自己、不理解自己的男人，男人则彻底无语："又要花好大力气才能把老婆哄好了！"

为什么男女说话、做事的方式如此不同？为什么男女之间对彼此有如此多的不满？大量的研究和调查证明，男女的大脑决定了两者之间的差异，因此，他们在说话方式、生活方式、交往方式等方面都会出现分歧。没有谁好谁坏，只是不一样而已。

男人喜欢霸占遥控器，并且不断地变换频道，女人则不介意看哪个频道；遭遇压力时，男人喝醉酒、做糊涂事，女人则吃巧克力、逛商场；男人批评女人路痴、废话连篇、神经质，女人则批评男人不敏感、不体贴，不爱说话，还听不懂别人说话……

男人和女人之间的不了解，并非因为一个来自金星，一个来自火星，彼此说着对方听不懂的话，而是因为男人和女人的逻辑完全不同。男人和女人就好像两个来自不同文化背景的人在对话，他们用的语言可能是相同的，却有各自的方言，这两种沟通方式没有对错、优劣之分，仅仅是不同而已。

女人是情绪的动物，谈话时，喜欢将所有的感觉表达出来；相反，男人更喜欢逻辑思维，即使有感情冲动，他们也会先控制住感情，等待脑袋里的思维理顺了再讲出来。所以，当女人询问男人意见时，男人总是不能马上回答，这时也不必心急，就算想发飙，也可等到 30 秒钟之后，如果过了这个时间对方依然没有表达意见，再兴师问罪也不迟。

女人喜欢吐苦水，尤其是在工作、生活中遇到倒霉事的时候，就想说出来，发泄一下。但是男人这种逻辑怪物这时就会开始不断地说教，告诉你这样的心态是不对的，你应该这样做，不应该那样做。不用抱怨他们不认真把话听完，也不用抱怨他们根本就不懂你，因为男人的大脑是用来解决问题的，看到女人不开心，他们的想法是找出原因，然后想办法让你摆脱不开心的状态。比较直接、有效的方法就是遵循逻辑思维的方法，在抱怨之前提醒他“你现在听我说就好了”。当你需要他的建议时，则可以让他明确地知道“我现在想听听你的建议”。

姐妹淘之间很喜欢说“我最近感觉很累”“这几天状态不太好”之类的话，用表达感受的方式进行交流，而且，女人明显更注重细节，能够将一天的行程事无巨细地重复出来。很遗憾，不管是大男人还是小男孩，对生活的细节都不太关注，他们更关注大方向和事情的重点，若让他们听一整天又闷又长的观光见闻，他们会疯掉的。所以，感受性的话还是留给姐妹淘吧，对男人就是要“说重点”。

“我今天在街上遇到 ××，然后……接着……你都不知道……”女人“哇啦哇啦”说了一堆，男人回过头来说：“啥？你刚才说什么？”这就是十分常见的情形，女人自顾自地说着重要的事，或者是有关感情的事，男人却根本没有认真听，接着女人开始沮丧，生气，觉得“他根本就不爱我”，或者“他已经不爱我了”。

事实上，当男人在做某件事情时，是不可能一心多用的，如果女朋友想讨论问题，大可提前打声招呼，说“我有些事情想和你讨论一下”，让对方有个心理准备，或者干脆等他完成手边的事，这样他才能全神贯注地听你说，并且回答你的问题。

男人喜欢用报告的方式谈话，陈述事实，吸引他人注意，获得更多信息，赢得对话的主动权，同时避免谈论琐碎的事情，避免表露自己的感情，谈论自身感情是一种示弱的举动；女人喜欢表达情感，分享私人感受，拉近距离，建立亲密关系。因此，女人总是在八卦，谈论各种流言蜚语，这是女人建立亲密关系的方式。

女人善于倾听，耐心地、专心地倾听很长时间，而且不打断对方，对对方的言论表示支持和同情，一切都是为了加深了解，增进感情；男人则喜欢打断对方讲话，为了引起注意而显示身份。会议的参与者如果大多是男性，最有权威的人可以打断对话；即使遇到不懂的问题，男人也不会提问，认为这样会暴露自己的无知，不仅没面子，还会失去对话的控制权。

既要与别人谈论，又不能暴露私人感情，因此，男人通常用讲故事或者说笑话的方式维持谈话的进行，当他们出现在故事中时，往往是主角、英雄、聪明人，以解决问题、拯救世界的超人身份存在，讲笑话时则将别人当作取笑的对象。在女人的故事里，她们则扮演受害者，讲述情感上所受到的伤害，因为摆出弱者的姿态能够获得同情，还能引起共鸣。同时，她们也会表达自己的希望、需求以及价值观。

在公共场合，女人之间进行私密对话的机会比较少，所以她们相对话少一点，在公共交往中与男人相比处于下风。相反，公共场合激发了男人竞争的本能，潜意识里希望通过对话提高地位，成为最受注目的人。

男人的大脑高度区域化，信息按照区域分类、贮存，在紧张、忙碌的一天后，男人将大脑里的信息分类、存档，即使是刚刚经历的困难也不会影响接下来的活动。女人的大脑则不是如此处理信息的，从早到晚面对的所有问题都会在大脑中涌现，一个接着一个地出来，为了应对这个问题，女人需要将它们说出来。但是说出来并不是为了解决问题，只是将它们“挤”出大脑而已。

许多女人抱怨，和男人相处时，总是觉得对方不易接近，甚至有些沉闷乏味。如果有机会看到男人和男人相处就会发现，他们能长时间坐在一起，不说话或者只有只言片语而不觉得别扭。这是男人大脑的运作方式，他们在大脑中说话，遇到困难，他会毫无表情、默默地考虑问题，这一过程不需要口头表达，只有当他找到答案时才会用语言表现出来。

女人则恰恰相反，她们需要不停地说，通过说话确定彼此的关系，俗话说："两个女人顶上500只鸭子，鸭子总是嘎嘎地叫，女人总是咯咯地笑。"钱钟书说"鸡鸭多的地方粪多，女人多的地方话多"，说的也是这个道理。如果两个女人坐在一起，气氛冷淡，没有对话，她们要么是仇家，谁都看不上谁，要么是正在生闷气。

而且，社会环境强化男人的行为，要求他们"像个男人一样""男儿有泪不轻弹"，因此，他们生性多疑，爱竞争，自控，隐藏自己的感情。如果一个男人变得情绪化，他会被认为失去控制；相反，女人的大脑按照开放、诚实、合作、富有牺牲精神的原则运作，善于表现感情，不需要控制自己的感情。因此，当男人和女人同时遇到问题时，会对对方的反应感到不解。

梁子在一家快餐店做服务员，每天上班很累，有时候要加班两三个小时。"日子凑合着过吧，就是感觉有点麻木了，不过我还想再撑一段时间，好歹弄个店长干一干，要不然，身边的女人都要跑了。"这是梁子最近更新的签名档，感觉有点沉重。其实是因为，梁子和他女朋友又吵架了。

梁子所说的"身边的女人"就是他的女朋友。最近，他俩的状况都不太乐观。梁子的女朋友专科毕业之后，还在自考本科，一边工作，一边学习，还一边在心里向往着两个人的幸福生活，心理压力很大。大学毕业后，梁子一直没有找到像样的工作，本来想回家跟哥哥一起做水产养殖，可是嫂子总是多心，对他不太信任，他也不愿意给哥嫂制造矛盾，索性出来自己找工作。

原本梁子和女朋友一直是分处异地，好不容易凑到一座城市，生活在一起，每天能见面，却也矛盾重重。女朋友是独生女，在家里养成了大小姐脾气，为了他来到陌生的城市，生活中总有各种不顺心，加上两人沟通不畅，积累了不少矛盾。

上星期五晚上，梁子上晚班，把店里收拾完，坐车回家，到家已经11点多了。他一进门女朋友就问："这么晚你去哪儿了？"

"上班啊，今天晚班。"

"晚班不是9点下班吗，你怎么现在才回来？你知道吗，刚才有人一直敲门，吓死我了，你下了班还不回家，你就不知道我一个人在家会害怕吗？"

"我在上班，回不来嘛！"

"骗人，你肯定和朋友出去鬼混了，要不然就是约其他妹子出去玩了，从9点到现在两个多小时，你回家需要用两个多小时吗？"

梁子躺在床上不说话，女朋友闹了一通，说什么后悔跟着他到这里来，结婚没有盼头，对她不够体贴不够好……女朋友哭着抱怨的时候，梁子迷迷糊糊地睡着了，结果女朋友和他生了好几天的气。其实，那天梁子帮同事顶了一个小时的班，回到家已经累得没有力气了，根本没有心思招架女朋友的"盘问"。

梁子的女朋友有些以自我为中心，还特别爱翻旧账，每次吵架她都会将陈芝麻烂谷子的事情翻出来。梁子也知道，目前的情况让她感到很大压力，自己工作忙也顾不上照顾她，不过，女朋友总是不能站在自己的角度思考问题，实在令他很头疼。

其实，梁子忽略了一个问题。发牢骚的女人没有理解男人的劳累，晚归的男人也没有理解女人的不安。事情总是类似的，遇到矛盾的时候，每个人都首先将自己保护起来，不让自己的利益受到伤害，很少关切矛盾的另一方。而且，错误的沟通方法也会伤害彼此。女人一味地抱怨，男人一味地回避，这都不是正确的解决问题的方法。

此事说简单也很简单，思维方式不同，只需要换位思考就可以了，但不是所有人都懂得这一点。如果男女双方能够在开口之前先读懂对方的大脑，了解对方思考问题的方式，或许可以为接下来的谈话开一个好头，否则的话，鸡同鸭讲的日子还会继续下去。

男女差异之爱的方式

男女的大脑是不同的，因此，男女表达感情的方式也是不同的。总体来说，女人慈爱、富有同情心，懂得关怀他人，从情感上、语言上表达爱意；男人则充满竞争意识，强调自己的社会地位，通过展现力量、能力，提供安全感来表达爱意。

韦杰和潘婷已经交往半年了，不过他们从一开始就有矛盾，现在更是三天一小吵，五天一大吵。其实一直是潘婷在闹，韦杰什么都不说，可是他越是什么都不说，越让潘婷觉得他不够在乎自己。

有一次，韦杰为了送一个朋友回家，把潘婷晒在马路上，一直让她等着。还有一次，韦杰为了学习一个星期没见她，也没有打电话，见面之后却一点歉意都没有。这些事情都让潘婷觉得自己在他心中没有地位。

平时韦杰也不喜欢说什么，心情不好不说，心情好也不说，每次潘婷问他，他就说不知道。遇到问题时，韦杰总是问："你想怎么办啊"或者“你想我怎样啊”，好像他自己一点想法都没有似的。遇到讨论不出结果的问题，他就说：“我性格就是这样啊，我也不知道怎么办！”

每次闹别扭，潘婷说要挂电话时，韦杰就说好。挂掉之后，韦杰好像没事儿似的，以为潘婷挂了电话，心情就变好了呢。潘婷是那种脾气来得快去得也快的人，每次都这样不了了之。可是，潘婷还是觉得韦杰不能理解她，两个人性格差太多了，好难沟通。

不过，韦杰有一点好处。不管是纪念日、生日、情人节，他都会买东西送给潘婷，有时候是吃的，有时候是纪念品。潘婷生日的时候，韦杰送给她一条手链，是他们一起逛街时潘婷看中的一款，后来她还念叨过，没想到韦杰记住了，最终还给她买了回来。

女人都是希望获得呵护和关心的，尤其是恋爱中的女人，往往非常敏感，遇到不善于表达的男人，确实是一件非常痛苦的事。从语言表达来说，男人的语言能力确实差一些。男人对语言不敏感，使用频率也不够高。心理学研究发现，小孩子开口学说话时，男孩比女孩开口说话得晚，而且，即使是成年男人，对语言的适应力也比女人差。基于这一点，女人或许应该理解一下与男人的沟通不畅现象——不是男人不愿意沟通，实则是能力使然。

女人常用眼睛、话语表达爱意，因此女人更容易说出“我爱你”三个字，男人则对“我爱你”三缄其口，就像张信哲在歌中唱的那样：“爱就一个字，我只说一次，你知道我只会用行动表示。”如果你揪住这句话不放，觉得他不说就是不爱你，那么就有点不讲道理了。

恋爱中的女人总是含情脉脉，声音也变得温柔，男人的爱则表现在拥抱、接吻等方面。也就是说，女人表达爱的方式是充满感情的，很含蓄；

男人表达爱的方式则很直接、冲动，甚至有些粗暴。

遇到像韦杰一样不善于表达的男人，作为女朋友的潘婷需要关注他的行动。韦杰能在生日、纪念日、情人节的时候购买礼物，这已经表达了他的内心，这就是他表达爱的方式。男人的这些行动可能和女人的内心期待有些差距，但不要怀疑他们的真诚。

此外，如果他将你介绍给朋友、父母，说明他已经把你当作生活的一部分了。如果他在你陷入困境、需要帮助的时候挺身而出，处处为你考虑，这也是爱的表达。更重要的是，如果他很忙，但是仍愿意花时间陪你，这证明他是爱你的。

所以说，不要再纠结于言情小说中惯用的表达爱的方式，花啊，浪漫的约会啊，甜蜜的情话啊，这些只是众多表达爱的方式中的几种。男人和女人表达爱的方式往往是不同的，每个人表达爱的方式也都是不同的。

套用“生活中并不缺少美，只是缺少发现美的眼睛”这句话，生活中并不缺少爱，只是缺少发现爱的眼睛。可能你的爱人已经表达了很多爱，用他习惯的、偏爱的方式，只是被你忽略了。记录一下对方说了什么话，送了你什么礼物，一天给你打过几个电话……这些记录或许会让你发现，原来你的爱人时时处处都在爱着你。

进入婚姻之后，男女表达爱的方式或许没变，但是表达爱的途径变了。爱对方的父母、家人是一种爱，完全接纳一个人的优点和缺点也是一种爱。丈夫希望妻子是自己的玩伴、朋友，希望妻子能够和家人和睦相处，希望妻子对自己的能力、高尚品质赞美有加；反过来，妻子依然期待听到甜蜜的话语，收到意外的礼物。当然，更多的爱意是在细节中表达出来的，不幸的是，夫妻间的恶意也是这样传递的。

恋人、夫妻是通过彼此来感受到自己的重要性和价值的，男人让女人从焦虑中安静下来，女人帮助男人摆脱羞耻感，这种相互的怜爱和关怀是亲密关系的基石。如果男人无法帮助女人摆脱焦虑，女人让男人深陷在耻辱感之中，那么这桩婚姻可能走向悲剧。

结婚第三年，儿子一岁半的时候，励诚开始觉得琳琳对他爱得不够。两个人是以结婚为目的谈恋爱的，没有什么轰轰烈烈的情节，婚前已经像老夫老妻了。琳琳是一个合格的家庭主妇，家里的所有事情都打理得井井有条，需要携伴出席酒会时，琳琳也绝对不会让励诚丢脸，可谓上得厅堂，下得厨房。

怀孕之后，琳琳辞掉了工作，将全部心思放在了孩子身上，励诚开始觉得，琳琳爱孩子已经胜过爱他了。与此同时，琳琳也感觉到了励诚的冷漠，她觉得自己被孤独包围，生活中除了老公、孩子再无其他。而励诚时而心不在焉，时而冷漠，时而批评，时而大喊大叫的态度让琳琳觉得自己受到了伤害。

有一次，励诚开车接琳琳回家。在十字路口转弯时，坐在一旁的琳琳被突然的一声巨响吓到了，原来是车子压到了一个矿泉水瓶，瓶子爆裂发出了砰的一声。琳琳的大叫以及接下来的沉默让励诚觉得很恼火，他将琳琳这种无意识的反应看作对自己的羞辱，好像是因为他开车技术不合格，令琳琳没有安全感。励诚感到非常生气，将车子开得更快，对琳琳不管不顾，琳琳坐在旁边更加害怕。

车子停好后，琳琳跟着励诚穿过地下停车场回家。地下停车场灯光昏暗，有一个角落的灯还坏掉了，琳琳害怕得要死，一直喊“老公，等我一下，等我一下”。励诚再一次觉得受到了伤害，他觉得琳琳的喊叫是对他的不信任，于是冷冷地回了一句：“有我在这里保护你，你到底在担心什么？”琳琳不再说话，默默地在后面走着，双方都感到受到了伤害，感到关系的疏远。

最近，琳琳为了买房子的事和励诚怄气。琳琳想买一套学区房，将来孩子上小学，就能直接升学了，省得到时候搬家，时间紧不说，可能还很麻烦。由于手头的钱不够多，琳琳建议从励诚做生意的大哥手里借一些，可是励诚并不同意。关于这个问题，他们已经讨论过无数次，不管琳琳怎么说，励诚始终坚持说“我开不了这个口”。

“就问他一下，最坏的结果就是他不借而已，你又没有什么损失。”励诚不肯。“借个钱有什么难的，如果你不愿意开口，那我来说好了。我亲自去问大哥，行吗？”琳琳的建议被励诚严词拒绝。“好，你就挺着，你就维持你那么一丢丢的优越感和自豪感，你以为你不开口求人，自己就多牛了吗？在我看来，你这就是孩子气，是幼稚的表现。你也好意思号称是负责任的好男人，我看你在乎你那愚蠢的自尊心甚于在乎我，甚于在乎你儿子！”

时间长了，琳琳摸出一个规律，励诚是一个拒绝面对脆弱和失败的人，生活中任何让他觉得有挫败感的事情他都拒绝。为了维护他的优越感，励诚时不时地指责琳琳两句，他最常说的话就是：“你为什么总是用半边脑思考，稍微控制一下你的情绪好不好？”和励诚沟通失败，琳琳只好向她的姐妹淘哭诉她的伤心，她的孤独，有时候不用她说，朋友就可以从她的动作、语调中推测她的情绪。

一旦琳琳对励诚抱怨“我很难过你除了对儿子关心之外，对我、对这个家一点都不关心”，励诚马上会觉得他是一个不称职的保护者，不称职的丈夫，而他的反应——不耐烦、厌恶、发脾气，或者给琳琳一些看似能解决问题的建议——只会让琳琳更加伤心。一段时间后，琳琳不再向励诚倾诉她的感受，而是将更多的时间花在朋友身上，和朋友聊天、逛街，这时的琳琳并不知道，她已经一只脚踩在婚姻的门外了。

盛夏时节，琳琳将孩子放在婆婆家里，自己去和朋友郊游，回家的时候赶上暴雨，琳琳被淋透了，回家后生了许久的病。只是轻微的感冒，却是好了又犯地反复了好几次。琳琳每天意志消沉，身边也没有励诚的陪伴。为什么呢？因为他选择了逃避，他觉得自己帮不上什么忙，于是将家腾出来，让琳琳的朋友住在家里陪她。

琳琳康复后，他们的关系已经疏远了，见面时尴尬得很，好像是初次见面的陌生人。琳琳已经明确地知道，她不再需要这个男人了，在他身边，琳琳得不到爱，得不到关心，甚至连同情心都得不到。

励诚常说琳琳只用半边脑思考问题，而且是负责直觉和感情的右半脑。但是，励诚在抱怨妻子的不是时，也只用了半边脑，是负责数理逻辑的左半脑。事实上，励诚不仅在阐述事实，运用逻辑说服琳琳，他还在贬低她。忠于逻辑并不代表言语具有攻击性，或贬低他人，如果励诚只是想说明事实，他不需要为琳琳贴上“歇斯底里者”“路痴”“邋遢的主妇”等标签，他实际上是通过贬低别人来抬高自己。更确切地说，励诚贬低琳琳，是为了避免羞耻感和恐惧感。

社会化提升了男人的勇气，同时使得他们对女人的恐惧失去耐心。对男人来说，恐惧是因为懦弱，因为缺乏自律。除非妻子和丈夫的感情非常好，否则妻子说的话在丈夫听来都是“呃呃呃，真失败”“呃呃呃，不够好”“呃呃呃，糟糕的男人”。反之也是如此，当丈夫批评妻子时，不管他说得多么正确，多么有道理，在妻子听来都是“我不爱你了”“不想陪着你了”“我甚至会伤害你”。

恐惧是一个女人维持婚姻关系的动力，即使那是一段非常糟糕的婚姻关系。这好像是一个悖论，因为躲避恐惧的本能让女人选择和男人一起生活。其实这并不矛盾，同样也是因为恐惧的本能，让女人离开令她们生活在恐惧之中的男人。具有讽刺意味的是，那些从充满家庭暴力的婚姻中走出来的女人说，当初被暴力丈夫吸引的原因是他们让自己感到安全，同样是鲁莽、暴力的行为，婚前被当作保护自己的承诺，婚后则让自己成了受害者。

表达爱的肢体语言

表达爱慕是一种本能，也是吸引配偶的必要条件。英国的身体语言学家发现，在男女关系中，90% 以上的爱意表达不是通过语言完成的，而是通过身体信号传递的。在陌生男女之间，眼神、距离、身体姿势都是表达关注、爱慕的信号。眼神是最好的传情工具，眼睛睁大意味着对方想深入了解你，瞳孔放大则意味着对方已经对你产生了兴趣。

人对投射在自己身上的目光非常敏感，即使对方在和别人聊天，一样能感受到你的关注，发现你的存在。不过，要让对方感受到你的关注，目光接触不应该少于三次，匆匆一瞥的话，对方很可能感受不到你的心意哦。

观察你们之间的距离，人与人之间的安全距离是 1.2 米，当对方进入你手臂可以触及的范围时，说明他想与你建立更亲密的关系。谈话时，身体向前倾，或者不说话，身体微微倾向对方，这是一种表示友好的身体语言，你对他不设防，对方也会接收到这个信息，从而采用放松、亲切的态度与你进行交谈。如果有他人在场时，将身体转过去，面对他，这也是开放的身体姿态，代表你希望和他继续接触。

放松的站姿、敞开的手臂，这些都是感兴趣的标志，如果对方认定你是心仪的对象，希望进一步发展，他会将身体朝着你的方向倾斜。拍拍肩膀或手臂，这是传达友好的消息。

肩部的曲线浑圆，皮肤光滑，还有灵活的关节，非常具有表现力。耸肩、抬举或者转动，都能表达情感上的变化。当人遭遇挫折或失败时，肩部会松弛、下陷；心情愉快时，肩部会变得灵活有力。

情侣之间有一种“嗜同神经行为”，比如一个人抿了抿嘴唇，另一个人也跟着抿了抿嘴唇，这是一种模仿行为，在动物界，这也是追求配偶的手段之一。模仿的根本目的是与异性亲近，如同年轻的恋人穿情侣装一样，是表达爱意的方式之一。

小猫、小狗微微侧头的样子非常可爱，轻易就激起了人们心中的爱意，人与人交流时，头部不自觉的动作也在表达不一样的情感。对方如若抱着友好的态度，他的头会微微倾斜，在男女关系里，这个动作带着挑逗的意味，会让两人的对话更加直接，充满热情。

舒曼很爱她的男朋友，但是感觉不到对方也很爱她。他们是经朋友介绍认识的，相处了 4 个月。之前，男方有一个女朋友，是他的大学校友，由于女孩在结婚和出国深造之间选择了后者，被迫分手。认识的前两个月，舒曼和男友在朋友的陪伴下聊天、旅游、爬山，有时候还会一起唱歌、吃饭，但是，这都是在与舒曼的朋友和他的朋友一起的情况下进行的，他们很少有单独相处的机会。

他们住在城市的两端，一般是一个星期见一次面，有时候要半个月才能见面。在心理上，舒曼有些自卑。因为男友本科毕业后出国一年，回国后进了不错的单位，而舒曼的学历和工作都很一般。在一起的时候，舒曼甚至不敢提出自己的意见，尤其不敢提他前女友的事情，因为担心他会不高兴。可是，舒曼觉得他对前女友一直无法忘怀，毕竟是四五年的感情，不是说忘就能忘的。

后来，舒曼觉得他们之间不像以前那么亲近了，有时候觉得他在回避与她见面，而且，他非常害怕在公共场合与舒曼有亲密举动，即使舒曼主动，他也非常抗拒。在朋友面前，他从来不会牵着舒曼的手，更不会搂着她的肩膀，虽然朋友们都知道他们是情侣，但舒曼觉得自己并不像他的女朋友，而像一个普遍朋友。

情人之间手拉手

虽然有各种用身体语言表达爱意的方式，但中国人历来不善于表达爱意。对父母的爱，对丈夫、妻子的爱，不管是怎样的深爱，都只是埋在心底。爱被封闭起来，被爱的人都感受不到。一项针对大城市白领的调查显示，大部分人都惦记自己的父母，经常给父母零花钱，给他们买营养品，但是从来没有拥抱过他们。事实上，孩子如果能拉一下父母的手，抚摸一下他们的头发，拥抱或者搀扶他们，这些看似不起眼的小动作，都能让他们高兴很久，事后还在不停地回味。

去年，思羽的父亲生了一场大病，足足在医院躺了20天。思羽生怕父亲会一病不起，请了一个月的无薪假，陪在医院里照顾父亲。这也是35年来，思羽和父亲相处最长的一段时间。思羽坐在病床旁，看着躺在病床上的父亲像一个无助的孩子，突然想到，这么多年来，她都没有好好亲近父亲，没有耐心和他说会儿话。

青春期的叛逆让思羽和父亲的关系一度变得非常糟糕，为了阻止思羽和一个高年级学生的交往，父亲将她锁在家里两个星期，不可以出门，也不可以上学，直到思羽屈服，决定不再见那个男孩为止。从那个时候起，思羽就决定：如果我能离开这个家，离开父亲，我一辈子都不会回来。

高考过后，思羽填报的志愿都是离家千里之外的学校，最终她考到了最南方的城市，成功地逃离父亲的约束。之后的十多年里，思羽毕业、工作、结婚、生子，每天忙着打理自己的生活，完全将父亲晾在一边，连母亲都抱怨："你这孩子真是没良心，一到节假日就往国外跑，都不知道回来看看我们。"思羽并不是不愿意陪父母，而是还不知道要用什么样的方式和父亲相处，离开太久，连亲近的方式都忘记了。

想必是生死之隔的恐惧战胜了多年来的冷战，思羽尝试着亲近父亲。一开始，思羽给父亲洗脚，父亲还有些生怯，觉得不好意思，思羽也觉得有些别扭。时间长了，思羽每天给父亲洗脸、洗手、剪指甲，吃完饭还和他说一会儿话，聊聊家常。

因为胃疼，父亲总是不肯吃药，思羽就摩挲着他的脸，像哄小孩子一样哄他："爸，听话啊，吃了药病就好得快，病好了咱们好回家呀！"

每天晚上回家之前，思羽都会拉着父亲的手，对他说："好好睡觉哦，明天我再来！"父亲拉着思羽的手不愿意放开，一定要等到护士勒令家属离开，他才肯放思羽走。

有一天帮父亲擦洗身体，思羽才发现，父亲大腿上那块长长的疤痕还在，并没有随着年岁的增长变淡或消失。那是他在部队当兵时受的伤，小时候，父亲总是给她讲部队的故事，讲他和战友的情谊，讲他在部队获得过的荣誉。每每看到父亲沉浸在过去的荣耀中的表情，思羽就开始感到不耐烦，甚至觉得父亲在吹牛，她心想："如果父亲真的那么厉害，现在怎么会做一个小小的货车司机？"

工作了，结婚了，思羽才明白，在艰难的日子里，辛苦工作，养育子女，照顾家人，在瞬息万变的社会里求生存，年轻时取得的成绩可能是父亲唯一的慰藉，而年少的她并不懂得体贴和理解，只有抱怨和厌恶，甚至连一句感谢的话、一个拥抱都没有给过父亲。

其实，不仅是孩子与父母之间爱的表达有所欠缺，情侣之间、夫妻之间爱的表达也不够充分。黄昏时分，经常会在公园看到年迈的爷爷、奶奶手牵手地漫步前行，两个年迈的背影看起来非常温馨，非常感人。

《纽约我爱你》剧照

电影《纽约我爱你》中由乔舒华·玛斯顿导演的那段故事就是这样的场景：一对老夫妻在63周年结婚纪念日的时候去海边，一路上一边互相抱怨着彼此的坏习惯，一边互相搀扶着前行。设想一下，如果爷爷、奶奶没有在夕阳下走着，他们没有牵手，而是各走各的，这幅美景是不是黯然失色了？

牵手是爱人之间一种曼妙的语言，行走过程中，男人牵起女人的手，代表亲密关系的建立；老夫老妻牵手，代表相濡以沫，相互扶持，不离不弃。牵手代表着“我愿意和你在一起”，因此，十指相扣的简单动作就能让大脑中纤弱的神经兴奋起来。

小艾和老公刚刚认识时，非常害羞，说话、走路都紧张得很，并肩一起走时，中间还保持着一点距离。进入恋爱状态时，他们才开始手牵手，到了热恋，恨不得每天在一起，甜蜜相拥，热情相吻，在别人面前也毫不顾忌。

这种状态一直持续到婚后蜜月结束。小艾本来就是喜欢腻人的性格，不管老公高兴与否，她都喜欢绕着老公的脖子撒娇，直到儿子出生，她的注意力转移，两个人肌肤之亲的次数开始锐减，偶尔一起逛个街，恨不得彼此离得几十丈远，毫无亲密感可言。

有一次，小艾和老公坐在沙发上看电视，恰好是关于某电影演员的谈话节目。这位演员嫁给了一个外国老公，结婚多年，生了3个孩子，可是，他们还是很亲密，节目组跟拍了一段老公到片场探班的视频，两人亲密无间，走到哪里都是互相牵着手。转头看看自己的老公，想想周围和自己年纪差不多、婚龄差不多的夫妻，小艾不由得感慨：“我们这是怎么了呢？”

一些简单的身体语言，比如轻轻地拍拍肩膀、拉拉手、摸摸头，上班前的吻别，对亲密伴侣来说，它们代表的是一种满足和安慰，使彼此的关系更加紧密。成了老夫老妻，尤其是有了孩子之后，很多人放弃了这些美好的身体语言的表达，这样做其实是不应该的。让孩子感受到父母的相爱，孩子会认定，他们的生活环境是温馨的，是充满爱和关怀的。

不用羡慕老爷爷、老奶奶的背影，也不用羡慕他们在年老时依然能如此相爱，从现在开始，拥抱一下你身边的爱人，用身体语言说爱，若干年后，当你变成老爷爷或者老奶奶时，没准儿也是别人羡慕的对象。

爱人之间的小动作

情侣之间相处，有许多小动作能够表示两人关系的牢靠程度。行事低调的情侣不喜欢在公众场合秀恩爱，但从一些细小的动作中能看到他们对彼此的关心和照顾。相反，如果是装出来的恩爱，在身体语言中也能看出破绽，这时，即使是甜言蜜语也会显得有些苍白。

接吻时，将对方的脸放在手里的动作是最强烈的、最自然的感情流露，所谓“捧在手里怕化了”，这个动作已经超越了接吻本身。人们在做这个动作时是不需要预先设计的，是一种近乎本能的真情流露，这个动作也表达了情侣希望与外界隔离、单独相处的愿望。

深情地凝视着对方的脸，轻轻地将她垂下来的头发掠到耳朵后面。在大庭广众之下，这个动作等于向所有人宣布你们的亲密关系，独处时，这个动作则代表了默默的关心。一个轻盈的动作，比说一百次“我想好好照顾你”更有效。如果追溯起来，大概可以从灵长类动物身上看到这个动作最初的影子。猩猩会为伴侣梳理毛发，就是表达互相照顾的意思。

勾肩搭背地走在街上，代表两个人的关系非常融洽。当两个人将胳膊绕在对方的腰上，以相同的步伐前进时，说明两个人不光是情侣，在感情上更像是两个好哥们，不仅在感情上非常好，而且建立起了一种相互信任、相互帮助的关系。

喜欢牵手的情侣大部分都是掌心相握，手指交错，就像是两只鸟爪子扣在一起。这个动作可能是随意做的，却说明了两人的关系已经密不可分。十指相扣的时候，可以通过手指头的动作将信息传递给对方，让彼此信赖，不会让人感觉紧张和别扭。

在桌子下面，轻轻地用腿相互摩擦，是情侣在公共场合交流的独特方式。这样做的两个人感情势必如日中天，亲密度十足。这个动作具有挑逗性，还有点冒险的刺激感觉。这个方法也适合将另一方的注意力拉回到自己身上，比如餐厅里有一个非常漂亮的服务员，男朋友正盯着她看，女朋友则可以用这个动作提醒他，和当场翻脸相比，这个招数更加高明。

雅治每天上班之前，即使忘记带公文包，也不会忘记到老婆身边，轻轻地吻一下她的嘴唇，说一句“老婆，我上班去了”，听到老婆说“注意开车，早点回来”，雅治就心满意足地出门了。这个习惯从婚后开始，已经坚持了整整 5 年。

有一次，雅治刷完牙之后，看老婆还没刷，就给她的牙刷上也挤上了牙膏，然后突发奇想地对老婆说：“只要你看到牙刷上挤好了牙膏，就表示我说了一句‘我爱你’。”此后，只要是雅治先刷牙，就会给老婆的牙刷上挤好牙膏，有时候，他迷迷糊糊地起床，走进洗手间，也会看到自己的杯子里装满了温水，牙刷上挤好了牙膏。他们之间形成了这个默契，每天用这种沉默的方式表达爱意。

早晨的吻别，并没有性的意味，只是温暖的内心感受在肌肤之亲时的传达，一个轻轻的、柔柔的，但不是敷衍的吻，胜过在电话里说上十遍“我爱你”。做一个简单的小动作，可能只是一个玩笑、一个游戏、一句调情的话、一个撒娇赌气的表情，夫妻之间的浓情蜜意往往就是按照这个模式维系下来的。

既然能从小动作中看出亲密度和感情深度，当情侣关系转淡时，也能从身体语言中觉察出来。如果牵手非常无力，不再有眼神接触，拥抱非常敷衍，感觉不到爱意，接吻好像是例行公事，这些都是拒绝的态度，不用怀疑，这段亲密关系即将走向尾声，曾经的爱人也到了说再见的时候了。

眼睛放电的信号

每个人都期待有一双电眼，用眼神俘获别人，用眼神传达情绪，不过，眼睛会放电的本事不是人人都能掌握的。影评人常说：“梁朝伟长了一双会放电的眼睛。”在他告别小鱼儿、韦小宝、小和尚等耍宝的角色后，他在电影中扮演的角色总是很少有灿烂的表情，而是眼神中带点忧郁，神色内敛，一双深邃的眼睛好像在放电。如果女孩子在现实中与他对望，应该会立刻脸红心跳吧。

芝加哥大学的心理学教授赫瑟主要研究人类的眼神。赫瑟在研究中发现，眼神的威力超越任何一种肢体语言，不管是遥遥相望，还是眉毛轻挑，会放电的双眼对一个人的心理会产生巨大的影响。

L 唇膏是一款明星化妆产品，深受女性的喜爱。可是，这一产品在初入市场时，并没有引起太多关注，市场销量也不太乐观。由于唇膏产品的市场竞争非常激烈，各大品牌的产品均质量上乘，再加上自身的广告平淡无奇，L 唇膏并没有赢得广大女性的青睐。

为了打开僵局，市场部主管请来心理学家，共同商讨提升产品吸引力的方法。在观看过 L 唇膏的广告之后，心理学家说："广告中的女人非常性感，非常美丽，但是没有什么吸引力。"市场部主管听完，马上命令下属去寻找模特拍摄新的广告，心理学家说："不需要换人，广告也不用重拍，只需要修改一下模特的眼妆，让她的眼睛显得更大一些就可以。"

经过修改的广告很快投放市场，调查发现，行人在 L 唇膏的广告牌前驻足的时间明显变长了，有的人甚至仔细查看产品介绍。一个月之后，L 唇膏的销量开始上升，第一个季度过后，L 唇膏已经成为备受追捧的化妆品。

这就是眼神的厉害所在。模特的眼睛变大后，瞳孔就会变大，她的眼睛里充满喜悦，似乎在感叹："一只唇膏竟然能给我带来这么大的改变！"这种感觉恰好能够通过模特的双眼传递给女性受众，她们希望自己也像广告上的模特一般妖娆，富有魅力，于是，她们走进商店，做出了购买的决定。

在如今的商业广告中，模特那充满电力的大眼睛早已被频繁使用。不管是化妆品、美发产品还是时装，平面广告都会特别凸显模特的面部表情，尤其是眼神传达的情绪，因为恰当的情绪能够增加产品的魅力，促进销量。

作为“韩流”的组成部分，韩剧一直深受国人喜爱，《大长今》《对不起我爱你》《蓝色生死恋》等剧目赚了粉丝一把又一把的眼泪，而粉丝们之所以心甘情愿地贡献自己的时间、感情和眼泪，一个重要的原因是剧中的演员都善于“放电”。

虽然说出演偶像剧是俊男美女的专利，但韩剧中演员的美丑并不是最重要的因素，最重要的是演员的眼神。男主角的眼神要能“放电”，女主角也是如此，他们在剧情中要互相吸引，营造浪漫的爱情，同时还要迷倒电视机前的观众，给人以亲切和魅力四射的感觉。

“放电”时，眼神非常重要。在男女关系中，会放电的双眼能传递更丰富的信息。心理学家认为，在男女的脑子里，都有一幅对理想对象的构图，当看到吸引自己的人出现后，便将此人的外貌、特点与大脑中的构图进行核对，一旦吻合，便展开攻势——怪不得许多人一见钟情时，都惊呼找到了自己的梦中情人，而追求攻势的第一步就是用眼神“放电”，试试对方的反应。

人的眼睛“放电”时，实际上是有迹可循的。心理学家曾经在酒吧、饭店等地方观察男女之间的眼神“放电”，发现了眼神“放电”的规律。首先，人们会在大范围内搜寻目标，发现符合自己心意的异性后，一开始匆匆一瞥，接着便会移开目光，在心中盘算着如何“放电”。

男人常用的“放电”信号是对望、微笑，贴着椅背直坐或挺腰站立，以显示肌肉和男子汉气概，吸烟者则会玩打火机，夸大吸烟姿势。女人

"放电"的信号是眼神瞥一瞥，凝望、对视、睁大眼睛，配合撩拨、抚弄头发的动作，或者将头发放在手指尖上绕圈。

琳达在餐厅吃饭时，看见斜对面有一位帅哥，立刻转移了视线。接下来，她装出不经意的样子侧过身子，让对面的男子能清清楚楚地看到自己，同时方便她观察对方的反应。琳达保持良好的状态，尽量做出淑女状，时而侧目看他一眼，时而眼神飘忽，扫视四周。

经过观察，这位帅哥并非琳达心中的理想人选。她放弃了眼神"放电"，重新坐正身子，悠闲地把玩着手里的吸管，看着窗外五光十色的灯光。

这时候，对面的帅哥走了过来，琳达在眼睛的余光中看到了一个缓缓移动的身影，可惜对方拖拉的脚步再次给他减分。男子在琳达的桌前站定，弯下腰，笑呵呵地跟她搭讪道："美女，一个人吗？"琳达含着吸管，闷闷地"嗯"了一声。"那么，我可以坐下来吗？""嗯。"琳达转过身来，但是没有正眼看他。

男子坐下来，开始赞美这家店的食材、天气以及遇到琳达这个大美女的幸运，琳达礼貌性地应酬了几句，然后开始东张西望。琳达期待他能够知趣一些，聊两句就走开。没想到他不仅不知趣，还装傻，甚至开启了一个旅行的话题打算继续聊，没办法，琳达只好不留情面地走开了。

一些羞涩的女孩子在公开场合遇到陌生人的眼光立刻回避，和男性见面时往往不敢直视对方，这是一件非常遗憾的事。别人的关注证明你吸引了他，如果你在第一时间将这种兴趣拒之门外，就会将"我对你没有兴趣"的信号传达出去，即使你这样做的原因只是羞涩，并非不感兴趣。相反，那些落落大方、性格开朗的女孩子善于把握机会，懂得抓住时机展示自己,因此她们得到了更多的机会,游刃有余地选择自己喜欢的异性。

羞涩的男性也容易犯这样的错误。当一个女人对一个男人感兴趣时，她会有意地和对方眼神相交，以吸引男人的注意，通常她会注视三秒钟，然后移开目光，垂下眼睑。女人觉得，这样的注目已经足够表达自己的爱慕之心，可惜大部分男人缺乏解读视觉信息的能力，逼迫女人要反反复复地“放电”，不停地发送信号，如果对方实在是反应迟钝，常常给不停努力的女性带来挫败感。当然，也有一种情况是，这个女人并没有足够的吸引力，对方即使收到了电波，也在那里装傻。

心理学家发现，感觉眼睛“放电”或许和性别、自恋有关。吸引你的人往往也是被你吸引的人，这种吸引除了涉及外表美，还有其他因素。研究人员将同样表情的照片放在一起，其中一张目光直视镜头，另一张目光转移了，要求参与者对每一对照片的吸引力进行评估。结果发现，当照片中人的目光看上去在表达“我喜欢你”时，直视才具有吸引力，如果恰好对方是异性，吸引力则更高。即使是同一张脸，人们更喜欢直视的目光，而不是转移的目光，换句话说，人们认为注视更具有吸引力。

初次见面二三事

众所周知，第一印象非常重要。陌生人初次见面时，良好的第一印象可以为接下来的关系发展奠定基础，还能为接收进一步的信息提供解释。此外，在第一次见面之后接收的信息，不仅无法改变第一印象，还会反过来强化第一印象。心理学家研究发现，得到第一印象的时间最多不超过10秒钟，如果能顺利掌控初次见面的10秒钟，第一次会面就会获得成功。

微笑是许多人在第一次相见时使用的表情。微笑，不管是发自真心，还是纯属礼貌，总不至于给人糟糕的印象。但每个人的个性不同，有的人豪爽，有的人拘谨，并不是所有的人初次见面都能充满笑声和幽默，也可能面无表情，让彼此都不知所措。当然，如果见第一面就过度热情，显得“自来熟”，也容易让人产生反感。

尚生出门前和老妈拌嘴，小吵了一架。不过是芝麻绿豆的小事，尚生觉得老妈最近有些神经过敏，总是神经兮兮地盘问他是不是有女朋友了，原因是尚生前一阵子连着一个星期早出晚归，不知道他都在外面做什么。“都说多少次了，见客户嘛，您就别瞎操心了！”尚生不耐烦地出门上班。尚生正为丢掉MX这个大单的事情烦心呢，老妈真是哪壶不开提哪壶。

到了公司，尚生的心里也不痛快，看见什么都觉得别扭。小王一边吃早餐，一边坐在办公椅上抖腿，尚生对他喊了一句：“小王，吃个饭你抖什么抖，患上帕金森了？”小王莫名其妙地看着尚生，见他黑着一张脸，也就没敢言语。

刚刚坐定，秘书海伦端来泡好的茶和准备好的资料，告知下午两点约见MX公司的代表，是之前没谈成的那个项目，对方提出来再讨论一下细节。秘书出门后，尚生把文件夹摔在桌子上：“这帮龟孙，上次把老子折腾个半死，这下又要出什么花招？”尚生喝了一口茶，味道不对，好像比平时苦涩得多。

“海伦！”尚生对着门口喊道。海伦匆匆忙忙进来。

“这茶太苦了，倒了重新泡。”

海伦惶恐："尚总，我按平时的量泡的，怎么会苦呢？"

"甭废话，端出去重泡！"海伦也不知道他怎么了，不过她已经非常熟悉尚生的脾气，这个时候最好乖乖听话，不要试图和他争辩谁对谁错。

下午约见客户，想想上次的约见，尚生就气不打一处来。上次陪着 MX 的几个代表又是吃，又是玩，结果因为对方老总一句话，项目没谈成，公司失去了生意不说，尚生还失去了威望——他可从来没在项目上失手过。

"不知道这次又是哪个讨厌的家伙来谈判，看我不给你些颜色看看！"尚生自言自语地坐在位子上等。不一会儿，一位妙龄女郎悄然而至："您好，我是 MX 的业务专员苗戈，您就是陆总吧？"尚生起来和女子握手，却只感到一阵刺鼻的香水味扑面而来，抬头一看，女子身穿亮黄色的人造纤维格子小西装，里面是贴有亮片的红色长裙，深 V 字领口，尚生心想："这是准备上演美人计吗？"

女子性格倒是爽朗，放下手里的文件开始寒暄："尚总，早就听过您的大名，今天见到本尊，真是名不虚传……"一张谄媚的脸、一副过度浓厚的妆容和时不时抛过来的电眼，尚生顿觉反感，遂打断女子的话语："苗小姐，我记得，上次约谈是投资主管亲自出面的，这次换了你这位业务美女，马总是怎么想的呢？"

"这您就不太了解了吧，其实这里面有不少误会。我看，咱们还是出去边吃边聊吧。"

尚生黑着一张脸："吃饭就不必了。不过我觉得，如果 MX 还想继续谈这个项目的话，还是叫马总亲自来吧。"

在快节奏的现代社会，没有人愿意把时间花在研究一个人身上，因此，第一眼看到的印象就会决定对整个人的判断，包括文化水平、个人修养和职业操守等。给人留下的第一印象主要来自动作、姿态、外表、目光、表情等，一旦有一方感觉不舒适甚至反感，谈判就没办法进行下去了。

此外，和陌生人见面时，如果内心残留着之前事件造成的不愉快，根本无心与对方好好谈话，即使交谈，也会给对方留下不好的印象。因此，如果在约见他人之前发生了不愉快的事情，最好做一些令自己愉快的事，调整情绪，转换心情。

不管是私人约见还是商务会谈，注意身体语言的细节总是没有坏处的。男性也好，女性也好，注意自身形象、个人卫生，如果要笑的话，表情最好不要僵硬，僵硬的笑容不仅不能拉近彼此的距离，反而令人感到不快；适当保持沉默，改变说话的语调，切忌高谈阔论，过多谈论私人生活，过于活泼或者开很多玩笑，要给对方说话的机会；举止要温和有礼，不要总是觉得自己有道理，否则会让人觉得此人目空一切。

一个人的品行在第一次与之见面时就能知道。在礼仪上，女性先伸手，男士才可以握手。当然，这只限于初次见面，或者很正式的场合，如果对方是很好的朋友，男士主动伸手握手也是绅士风度的表现。

男性在私底下，或者和同性之间喜欢说粗话，开黄腔，这种情况绝对不可以发生在与女性初次见面时，否则女性会觉得这是对自己的一种侵犯和侮辱。衣着可以不正式，但不可以不整洁。男性衬衫敞开、穿着短裤、脱鞋，女性着装过分怪异或暴露都是不得体的。

在民意调查中，许多女性表示长相并不重要，但是当女性和朋友聊天时，就会承认长相的重要性。这是不容争辩的事实，被一个人的外表吸引，才会从精神上、情感上喜欢他。当人们和很有魅力的人来往时，潜意识会忽略其不好的方面，重视好的方面，这就是为什么外表出众的人在和别人打交道的过程中更容易做出成绩，尤其在销售这一行。

当然，对于其他方面的评价也会影响对一个人外表的印象。如果你认识一个人之后，并不喜欢他，比如对方的性格自己难以接受、怪癖太多，等等，你就会觉得他长得不怎么样；如果喜欢，反而会觉得对方的样子更加迷人。

一个人较强的交谈能力会在初次见面时给自己加分。口才好，能讲一堆有趣的事，对方会觉得这个人很有意思，想将聊天继续下去。如果在对话过程中，总是“嗯嗯”“呵呵”相伴，再有耐心的人都会觉得无聊，从而将注意力转移到其他地方。

每个人都期待初次见面的过程是轻松而愉快的，不管是和合作伙伴、朋友，还是和未来的恋人，没有人希望第一次见面的气氛是压抑而紧张的。和知心朋友见面很开心，也很轻松，和素不相识的人见面则会感到局促和紧张。不了解对方，不知道对方心里在想什么，更谈不上有什么默契可言。为了配合对方而调整自己的行为方式，总是让人感到不自然，因此，第一次见面，或者初期的交往过程总是让人感到疲惫。

李莉大学毕业后，进了一家外企工作。工作环境、内容她都适应得很好，和同事相处得也算愉快，然而，接待客户却让她感到特别辛苦。李莉总是在猜测，对方会是什么样的人，应该采取什么样的态度，这样做对方会有什么反应，那样做对方会有什么反应，每次和客户洽谈之前，李莉的心里都非常不安。

周末要和主管一起接待供应商，虽然是对方占据劣势的谈判，李莉还是内心不安，从接到通知那一刻就开始紧张。上次接待合作方的人员时，就是因为李莉的慌乱把气氛搞得一塌糊涂，让对方觉得公司的职员不够专业。

看李莉在茶水间坐了好久，部门里资历颇深的张姐过来安慰她："我说你呀，就像是蜈蚣一样，如果一边走一边看着自己的脚，生怕一只脚磕着碰着，结果肯定会被绊倒的。和客户见面也不是什么沉重的事，不用介意出错，我在你这个阶段的时候，每天被主管骂，像一日三餐一样准时，别太在意你就不紧张了。"

不想让对方看透自己，觉得被对方发现了自己的缺点会是一件糟糕的事，那么最后只会让自己被束缚，不能畅所欲言，自然地表现自己。其实，没有人能在第一次见面时让对方绝对满意，即使是好朋友之间的友谊，也不是在百分之百对彼此满意的基础上发展起来的。周到的礼节是必需的，整洁的外表是应该的，言语措辞、表情动作适度，男士给人以风度，女士给人以优雅，做到这些，他人对自己良好的第一印象就基本形成了。

衣服的流动戏剧

张爱玲在《童言无忌》中写道："对于不会说话的人，衣服是一种语言，随身带着的袖珍戏剧。"大概是小时候穿后母的旧衣给她带来了长久的痛苦记忆，成年后，尤其是成名后，张爱玲在穿衣这一项上特别张扬，喜欢标新立异，不在乎被人说"奇装异服"。她能将祖母的一床凤凰锦被面改成连衣裙，也能将从广东购置的、刺目的玫瑰红上印着粉红花朵，嫩绿叶子的土布做成衣裳，她甚至在旗袍外面罩件短袄，负气地懒得去管别人欣赏与否，只自顾自地守着自己的审美观，孤独地乐在其中。

每个人都有自己的审美习惯，张爱玲的穿衣心得或许不能被所有人接受，但不能不承认，她说的话有一定的道理。看一个人的穿着，就可以知道他的经济状况、生活层次和个人品位，还能看出一个人的性格特质。穿上不同的衣服，在社会上扮演不同的角色，演绎着不同的人生，衣服就像是一种语言，能够从中读出许多信息，包括心理上的。

穿什么样的衣服，你往往就是什么样的人。而衣服对女性的意义甚于男性。对女人来说，衣服不仅是生活所需，而已经成为女性身体的一部分，和皮肤一样重要，因此衣服素来被看作第二层皮肤，是将自己与外界隔绝的界限。人们为了遮盖身体而穿衣服，有时却因为对衣服的选择将内心暴露在外。

想增强界限感的人，喜爱穿着与众不同的衣服，衣服越贴身，越能强化界限感。对自己的身份非常满意的女性，会身着华服到处走，随处散发女人味。不考虑身材，将宽松、舒适作为选择服装的标准的人，是不喜欢赶流行、能够掌控自己步伐的人，他们能守住自己的价值观，同时拥有良好的人际关系。

心理学研究发现，穿的衣服过大的人对自己身材的认知有偏差；喜欢穿中性服装且不喜欢戴配饰的人，则陷入了心理惯性，不想改变，害怕一个小小的改变就偏离了以往熟悉的生活方式；穿得太过年轻或者太过老气，体现的是自己的心理年龄，而不是当下的年龄；全身名牌的人，很明显，他在传达“我很富有”这个信息；总是穿着工作服的人，希望别人通过工作上的成就来评价自己。

购物、服饰搭配，这些被人们忽视的行为背后都有深层次的心理原因。尽管衣服并不能代表种族、阶级，但衣服绝对是经济和社会地位的一种标志。主妇们聊天时，就常常借用名牌或知名设计师来贬低别人，抬高自己，好像那些服饰、配件足够定位自己以及帮助自己战胜他人。尽管男人对服饰的热情没有女性高，但男人凑在一起也喜欢炫耀自己的阿玛尼西装和爱马仕皮带。

有的人喜欢让别人从衣服上看出自己的社会地位和经济实力，有的人则反其道而行之，即使功成名就，仍将几十块钱的衣服穿上身。其实，这里就体现出心态的不同。有些仍然在奋斗期的人，尚未获得成就，希望得到别人的认可，就希望通过外在的东西来证明自己；功成名就的人，即使穿着价值低廉的布鞋也不会觉得掉价，反而会因低调获得赞美。

笑笑的穿衣风格是淑女风，而且她买衣服时总是认准几个固定的品牌。在公司里，她不是最时尚、最抢眼的那个，却从来不显得落伍，很少穿着名牌，却也不是任何质地粗糙的衣服都往身上穿。笑笑的穿衣风格和她本人的性格特别像，她说起话来轻声细语，温柔而有礼貌，做事也是不温不火，同事从来没见过她和谁翻脸，也没见过有人对她表达不满。年长的同事都非常喜欢她，不是希望自己的女儿像她一样，就是希望有一个像她一样的儿媳妇。

和笑笑同在一个办公室的洁儿则和笑笑的风格完全不同。她总是时尚的、多变的，身上带着各种流行的元素，前年流行铆钉，她就穿上镶满铆钉的鞋子；去年流行波西米亚风格，她就穿了一身吊带长裙，配上大大的耳环和夸张的项链；今年流行橙黄色外套，她就披上了一件橙色的风衣，走到哪里都夺人眼球。她的穿衣原则是“我穿的就是个性”，而她也用自己的行动实践着这句话。

不过，有时候穿衣风格也可能与自身性格是相反的。走淑女路线的人未必没有内心狂野的一面，喜欢波西米亚风的人也有可能心如止水，如果拥有足够的气场，像安娜·卡列尼娜一样穿一袭黑衣，也能在花团锦簇中震慑全场。这些倒没有什么问题，至多让别人发现，除了衣服展现的个性之外，内心还有另一个自我。最可怕的是将自己变成马戏团，狮子老虎轮番上演，没有个性，反而降低品位。

与人碰面后，从衣服上就能看出一个人喜欢的色系，而一个人喜欢的颜色会直接显露其性格，或者可以这样说，他希望变成何种人，希望别人怎样看待他，他就会穿什么颜色的衣服。喜欢穿鲜艳色调衣服的人，开朗、健康、性格热烈、奔放，但以自我为中心；喜欢穿纯白色衣服的人高贵、纯洁，潜意识里带着冷漠，与人有距离感，让人产生可远观而不可亲近之感。喜欢穿红色衣服的女性富有冒险精神，追随流行时尚，但性情变幻不定，让人捉摸不透；喜欢穿绿色衣服的女性安于现状，行动慎重，但是害怕冒险和超前，在感情方面羞于主动；喜欢颜色比较重、比较复杂衣饰的人比较有自信，爱支配别人；喜欢浅色服装、简单衣饰的人性格比较内向，缺乏自信，依赖性比较强；喜欢暖色系的女性内心不安，对生活怀有不确定感；而喜欢高亮度服装的人内心的不安程度更大，颜色艳丽的服装是为了弥补内心的不安。

或许这样的分类过于简单，因为一个人喜欢的颜色常常有很多种，不可一概而论。不过，知道一个人喜欢什么颜色，多少可以帮助我们了解其内心世界。

刘娜在工作之后，仍然保留着逛童装专卖店的习惯，对那些可爱的、颜色鲜艳的童装款式爱不释手。因为她长得很瘦弱，个子小，身材单薄，大号的童装就能把她装进去，而且，鲜亮的颜色和可爱的图案还能显得她天真烂漫。在办公室里，年纪大的姐姐都叫她“娃娃”，因为她总是穿着大号的童装，架着一副全框眼睛，好像刚从学校里走出来的孩子一样。

由于穿衣习惯的关系，同事、朋友总是觉得刘娜年龄小，不成熟，妈妈也是这样认为的。姑姑问刘娜的婚事，妈妈总是不以为意地说：“我家娜娜还是小姑娘呢，等几年，等几年哈。”整天抱着 Hello Kitty 走来走去，难怪妈妈总是觉得她长不大。

乐此不疲地过了四五年，有一天，刘娜终于意识到问题了。工作以来，老板从来不将重要的工作交给她，谈项目时，刘娜都是和其他组员一起去，最少的时候身边也要有一个人跟着，其他组员都获得过单独面对客户的机会，只有她没有。一开始，刘娜还以为老板是按照进入公司的先后顺序给机会，后来发现新来的员工都开始跃跃欲试了，她还在原地徘徊着，不知所措。好在她头脑聪明，做事认真，还有一股子机灵劲儿，每次都能轻松搞定客户，否则的话，可能早就被辞退了。

刘娜意识到，自己不能再做“大龄儿童”了，否则的话，即使内心已经成熟了，别人也会将自己当成小孩子，没有独当一面的能力。现在，她都有些不好意思将全身都是卡通图案的衣服穿进办公室了，可是一时间也没有找到合适的风格。是像隔壁航航那样，走端庄大方的淑女路线，还是像秦总监那样，走果敢干练的女强人路线？这还真是一个问题。

职场是比拼个人能力的地方，也是女性争奇斗艳的地方。办公室里如果女孩子居多，你就会发现，每天都有花枝招展的蝴蝶在自己的眼前飞。不过，随着女性逐渐深入职场之中，想在职场里做出一番成绩，更多女性选择偏中性化的衣服，女性穿衣出现了一种中性化的趋势。

女性穿着中性化的服装，是为了显示出男性化的心理——她希望自己像男人一样工作，同时像男人一样以实力同他人一决胜负，而不是靠展现女性娇媚的特质来取胜。这类女性在职场上会特意消除自己女性化的特征，穿着严肃的套装或者裤装。日本曾经在白领女性中做过关于女性穿衣选择的调查，在裙装和裤装的选择上，70% 以上的女性选择了裤装，因为裤装代表干练、沉稳，显得具有自主决断力。

偏好穿裤装的女性对工作充满了热情，有上进心强，有自己的主张，富有竞争意识，但有时会缺乏协调性，容易与人发生冲突。离开职场后，她们往往会重新变为妩媚动人的女人。平时穿裙装、工作时也会穿女性化衣服的人，是将自己作为女性放入职场的，有时候，她们会利用女性的特质以求获得职场的生存机会。

而且，衣服是能够影响人的心理的。研究人员曾经将实验室的白色外套发给实验参与者，告诉其中一组人说，这是医生的白大褂；告诉另外一组人说，这是漆匠的工作服，然后要求他们完成相同的任务。结果，那些穿着“医生的白大褂”的人更为专注，很显然，他们的行为被身上的衣服影响了。

面对衣服，女人一直有一个无法解决的问题——永远找不到一件合身的衣服。换了外套，发现裤子不搭配，换上裙子，发现显得腰有点粗，于是不停地试，不停地换，却总是试不出最满意的效果。对于女人的这种表现,男人一般很难理解。“家里偌大的衣柜,大部分都是太太的衣服，春夏秋冬，棉麻丝纤，正装休闲，应付各种场合已经足够，而且每个月都有新货加入，甚至有些衣服连标签都没有剪掉就被淘汰了。搞不明白为什么女人总是抱怨没有衣服穿！”女人总是希望吸引他人的注意，不仅吸引男性，也吸引女性。与其说女人永远少一件衣服，不如说永远少一句赞美。

相比之下，男性的服装相对较单一，衣柜里摆放的不外乎衬衣、T恤衫、牛仔裤和西装，无论何时，随时搭配，拿来就可以穿，完全不像女人那样麻烦，仅仅搭配一个衣服就要花掉几个小时的时间。不过，男性在穿衣上炫耀的不仅是美、样式多变、时尚新潮，而且是衣服的品质和品位。

林朝初到一家电子公司任职，不知道同事们都是什么穿衣习惯，为保险起见，他选择了穿西装。首先，穿着西装显得很正式，人也会变得精神许多；其次，穿着西装证明他对工作环境非常尊重，对这份工作很看重。

报到时，林朝一身笔挺的西装给培训主任留下了很深的印象："小伙子，精神头不错啊，好好干！"每次岗前培训时，主任都会对他说这番话。有了主任的信任，再加上培训期间林朝帮同事们做了不少事，到正式入职时，他已经在公司里获得了很高的知名度。

经过观察发现，公司里的前辈穿得都很随意，几乎没有人穿着正式的西装上班，人事经理也说："只要不穿拖鞋，不穿短裤来公司，其他的没有硬性要求，穿平时的衣服就行。"不过林朝还是暗自欣喜，庆幸当初的明智选择为他带来了好运。

第八章

微动作识人

双脚稳稳站立拍照，颇有人生阅历，对自己信心满满，对事物有把握和控制欲，拍照的人很可能是此人的后辈、下属、学生或者尊重他的人；摄影师说“来，笑一个”，就能轻松自如笑出来的人，性格直率、坦白，这样性格的人能让夫妻之间的关系更加圆满、和睦。

对我说谎试试

如果你随便问一个人“你说不说谎？”对方肯定会回答“不，我从来不说谎”或者“我说谎只是出于善意”。但是，如果细心观察他的行为，就会发现，真相根本不是他（她）所说的那样。

在一场漫长的谈话中，你会发现许多人都在说谎，即使不是满口谎言的人，在几个小时内也会说两句谎，有的是关于无关紧要的小事，有的是涉及多人利益的大事，说谎话者自觉或不自觉地说谎，目的是获得潜在的利益。

美国马萨诸塞大学的心理学教授罗伯特·费尔德曼曾经做过实验，他请参与者随身携带微型录音机，记录下自己一天之内说的话，然后交给他分析。费尔德曼得出的结果是，每10分钟的谈话，就会出现3个谎言。

在人的一生当中，没有人从未撒过谎。绝大多数情况下，人们说谎是为了保护自己的利益或者避免遭受批评，但也有人纯粹是为了欺骗别人，个别人则是因为说谎上瘾。工作中，职员为了完成工作任务，为了职位晋升的竞争，为了维持个人形象，为了经济利益而说谎。为未完成的任务编造理由，为了获得某一职位而编造关于对手的坏话，为了向客户推销产品而吹嘘产品质量，职场中的人将这些谎言看作家常便饭，看作自己开脱的理由：还不是为了工作吗？

费尔德曼认为，说谎有三个层次，一是为了讨人欢心，让对方感觉好一点；二是夸耀自己，装派头；三是为了自我保护。讽刺的是，研究发现，那些善于说谎的人，甚至是说谎天才往往朋友满天下，而且能够坐到领导者的位置。懂得在适当的时候说谎的人在待人接物方面更娴熟，能够维系良好的人际关系。

说谎的内容和感觉、情感有关，包括情绪、观点，对他人或事物的评价等，人们倾向于假装正面、积极的感觉。女性之间的交往倾向于彼此认可，更看重彼此的感受而不是事实，因此，她们会出于为自身或对方考虑编造谎言，谎言的份额占到她们谈话内容的一半。

恋爱中的人喜欢说谎。一个重要的原因是，担心一旦说出自己的秘密，对方会离自己而去。说谎是为了掩藏个性中的缺点，比如，有人不愿意承认以往的恋爱史，担心若说实话会打扰目前的生活；有人在财务状况方面说谎，害怕对方知道实情后会与自己分手。

当一个人没有时间将全部状况解释清楚时，为了让对方相信目前的做法是对的，就会选择说谎，即使事后需要更多的时间和精力将事情一一说明，包括选择说谎的原因。通常来说，选择用谎言维系感情的一方处于劣势，是自卑而恐惧的。最可笑的是，人们明知道谎言有一天会被揭穿，却依然选择说谎，甚至不惜为了维持最初的谎言而编造更多的谎言——这些人可能是为了享受谎言带来的暂时解脱。

说谎并不总是负面的，有时候，谎言是为了保证一个人的美好生活，我们称之为善意的谎言。对危重的病人隐瞒疾病；为了保守秘密欺骗别人，这些谎言可以说是迫不得已的，是善意的。善意的谎言往往不会被看作是欺诈行为。

如果用颜色区分谎言，黑色的谎言是冷酷无情、贪婪无度的，目的是欺骗钱财、欺骗感情，剥夺权利甚至生命；黄色的谎言是为了掩饰懦弱的心态；紫色的谎言全都是些吹嘘的话；白色的谎言就是善意的谎言，它能够帮助人们维持自尊。

孔子说："巧言令色，鲜矣仁。"意思是，满口花言巧语，满脸讨好人的表情，这样的人仁义道德水平肯定不高。满口花言巧语的人为什么不招人喜欢呢？因为他们在说话时，十句有九句都是假的，他们一直在说谎。有人愿意每天和一个满口谎言的人在一起，每天被欺骗吗？想必是没有吧。

每一位统治者都在证明自己政权的合法性。古代的君王打出"奉天承运，君权神授"的旗号，这是一个明显的谎言，可是它非常有效，老百姓承认天子，承认皇家统治，只有君王的反对者会不断证明这是一个谎言，他们喜欢说"苍天已死，黄天当立"。当然，这不过是另外一个谎言。

在谎言中，有一种特殊的存在，即计谋、计策。《三十六计》的第一计"瞒天过海"就是教人怎样用欺骗的手段麻痹敌人。

公元583年，陈后主陈叔宝整日吃喝玩乐，不理朝政，奸臣乘机作乱，欺压百姓，搞得朝廷上下一片混乱，民不聊生。当时，隋文帝统一了北方，他发现南陈的国力空虚，定是不堪一击，于是派兵南下，准备消灭这个割据政权。

南北隔着滔滔的长江水，如何进攻南陈军队成为一个难题。后来隋文帝听从了老臣高颎的计策，命一队人马到长江北岸驻扎下来，陈后主见此阵势，以为隋军准备渡江攻城，遂召集人马，准备与隋军决一死战。

剑拔弩张了几天后，隋军没有渡江，反而撤了回去。陈后主以为隋军的水上力量不够，不足以渡江攻城，长舒了一口气。谁知几天后，隋军再次集结，在长江北岸安营扎寨，陈后主再次调遣兵马，准备迎战。结果如前，隋军声势浩大，却毫无进攻的架势。如此反复几次，陈后主的军队人困马乏，心理上承受了巨大的压力，就在这时，隋军发动总攻，陈后主连反抗都来不及，乖乖做了俘虏。

严格来说，隋军在作战期间散播了虚假信息，使得对方不知所措，达到了欺骗的效果，从战役的结果来看，隋军欺骗成功。相较于平时所说的谎言，这是一种特殊的谎言。平时所说的谎言都是就个体来说，是对个体有利的欺骗，这种特殊的谎言则是对整个战局有利。

人类社会的第一个谎言是什么时候诞生的？英国作家王尔德说，世界上第一个骗子是“那个没有外出进行野蛮的狩猎，却在日落时分向四处为家的穴居原始人瞎掰，说他在一对一的格斗中撂倒猛犸象的人”。从生物进化论的角度来看，欺骗是自然界的基本现象，病毒表层蛋白会欺骗人类的免疫系统，昆虫用变化的体态来欺骗天敌。欺骗是为了更好地繁衍而进化出来的本领。

动物的骗术五花八门，每一种骗术都是动物生存的绝技。狐狸在遇到比自己厉害的熊时，就会躺在地上装死，从而躲过被吃的命运。灵长类动物和人类基因非常相似，它们已经懂得实施欺骗。为了惹怒强悍的头领，一些公猩猩会偷偷地和母猩猩交配；有的猴子假装对美味的食物不感兴趣，从而误导其他猴子，这样它就可以趁其不备，偷走食物；狒狒突然起身，盯着地平线是“敌人在靠近”的信号，小狒狒为了避免被母亲训斥，也会这么做，由此引发整群狒狒陷入恐慌。

说谎的频率、技巧和大脑皮层的尺寸成正比，大猩猩、黑猩猩、巨型猩猩的大脑皮层比叶猴、狐猴大，因此它们的骗术相对高明。在灵长动物中，谁的大脑皮层最发达呢？当然是人类。人类就是爱说谎的动物，而且比人类自己能意识到的说得更多。

儿童说谎的能力随着他们的语言能力的提升被开发出来，而且，小孩子根本不像人们想象得那样纯真、透明。美国朴次茅斯大学的心理学教授艾尔德·威瑞研究发现，一个3岁的小女孩，如果奶奶送了她一件她并不喜欢的礼物，她也会表现得很高兴。从那一刻起，她已经学会了说谎。

人们会不自觉地跟别人说谎，有时候连想都不想，甚至自己都不觉得在说谎。大部分的谎言来自社交上的礼貌，比如“改天找你喝茶”“我今天玩得很开心啊，以后再联络”“我生病了，所以没有给你打电话”。

谎言说得太多，恐怕连说谎者自己都分不清真和假了。当说谎成瘾时，就会染上一种病叫作“说谎癖”。说谎癖患者指的就是说谎成瘾的人。他们无缘无故地欺骗别人，说谎时间长，频率高，以至于对接受欺骗信息的人造成伤害。这样的说谎则是病态的。

说谎癖患者有意或者习惯性地说谎，说谎言是其生活的一部分，有时候他们会为了中伤别人而说谎，并且享受谎言的乐趣。这种人具有表演天才，善于捏造事实，制造谎言，有时甚至发展为诈骗。当然，人们非常熟悉《狼来了》的故事，谎言说多了，总有被揭穿的那一天，说谎者也不会再得到他人的相信。

海燕遇到了一个奇葩老公。她的老公陈宇不仅爱说谎，善于说谎，甚至有说谎成瘾的倾向。前一阵子，她的笔记本电脑坏了，准备出去找个师傅修理一下，陈宇拦下她说：“干吗出去修啊，家里不是有修理工吗？还是免费的。”既然老公说能修，自然再好不过了，海燕将电脑放在家里，上班去了。

一天过后，海燕问：“笔记本修好了吗？”陈宇爽快地说：“放心吧，我肯定能搞定！”听他语气如此坚定，海燕没有继续追问。一个星期后，海燕问起笔记本的事，陈宇随口回答说：“快修好了！”

“那现在能用吗？我着急用！”

“用倒是能用，只是……差一点程序。”

“那我先拿去用，回头再装剩下的程序。”

海燕拿着电脑准备出门，老公突然拦下她说：“你真的要用？”

海燕看着陈宇错愕的表情，有些生气了：“当然要用了……你到底修好了没有？”

“修好了，真的修好了，就是还差一点……”

谎话，海燕知道这肯定是谎话，每次他的谎言被揭穿时都是吞吞吐吐的。他可以直接说自己不会修，或者说忙着自己的工作，没有时间，可是他选择一而再，再而三地说谎，每一次都毫不犹豫。“真的搞不懂你到底在想什么？”海燕提着电脑出门。等了一个多星期，最后还是到维修中心修好的，海燕又气又恼，又对陈宇的行为感到莫名其妙。

类似的事情不断发生，海燕开始思考陈宇这样做的原因。海燕觉得，他不断说谎可能和他的家庭环境有关。公公婆婆的教育方式非常严格，自从他们结婚，海燕从来没听陈宇对他父母说过一个“不”字，当他和父母的意见发生冲突时，他都是用回避的方式解决，而不是直接表达自己的反对意见。长此以往，他就养成了随口说谎的习惯。

比如说，婆婆让他用公司的复印机复印一份资料，结果他给忘了，但是他不会直接说“我忘了”，而是谎称“公司的复印件坏了，要几天才能修好”；公公叫他去看姑妈，他不愿意去，就说“公司最近在赶项目，需要加班”。总之，他的方法就是拖，用各种谎言拖延。一开始海燕以为他是拖延症，后来才发现，他就是个说谎精，谎话张口就来——尽管都是些无关善恶的小谎。

去年秋天，陈宇到外地出差，要去两个星期。临走时，他告诉爸妈中秋节那天回来，到时候回家过中秋。公公婆婆听说儿子要回家过节，心里高兴，很早就开始准备。中秋节那天，他真的出差回来了，但因为路途奔波太累，他想休息一天再过去。原本就是一件很简单的事，给家里打个电话，说明天再过去就行了，可是他偏不。

陈宇打电话给家里，说返程机票紧张，回程时间定不下来。婆婆不放心，打电话给海燕，逼得海燕只好和他一起说谎。结果，婆婆往陈宇的公司打电话，领导说陈宇已经回来了，下午就到了。兜了一个大圈子，最后婆婆朝海燕发脾气，说她不应该和陈宇一起撒谎，不应该做阴谋的参与者。海燕常常感叹："真不知道他什么时候才能鼓起勇气说不，而不是继续编造谎言逃避问题？"

人类从来没有停止过说谎，也从来没有停止过对说谎的研究。为了找出说谎者的破绽，科学家一直在孜孜不倦地研究。到目前为止，科学家没有发现什么公认的身体信号证明某个人在说谎，个体差异导致人们说谎时的行为也存在很大差异，有的人在说谎时眼睛快速地眨，有的人说谎时用眼睛盯着对方，富有经验的说谎者总是镇定自若，可以有效地控制自己的情绪，一般人根本看不出他在说谎。

尽管如此，人类并没有停止对说谎的研究。人们发明了测谎仪，最新的测谎仪是眼球运动测谎仪，科学家试图通过观察眼球的运动发现谎言的秘密。致力于微动作、微表情研究的心理学家则从身体语言方面着手，通过观察人的眼、耳、口、鼻、面部表情、躯干、手指的变化来识别谎言。

我知道你在说谎

一个人每天都在说谎，说“我已经在路上了”的人其实还没有出发，说“我没醉”的人通常都喝了不少，赞美“你这条领带真漂亮”的人在心里咒骂“怎么有人戴这么难看东西”……有一句谎言在男女之间通用：没事，我很好。人都会说谎，但是骗子的精妙表演常常令人倾倒，演技高超的骗子能将对方骗得团团转，当事人直到发现骗子被抓，都不愿意相信他（她）所说的一切是假的。

实际上，人类不是唯一擅长说谎的动物，而是由于具备独一无二的语言能力，人类才将说谎变成了艺术。据说，图特安哈门法老的陵墓在帝王谷修好后，为防止盗墓贼入侵，曾把关押在监牢里的 3000 名骗子秘密流放到此，因为法老相信，一类人的智慧能够战胜另一类人的智慧。

通常情况下，喜欢操控的人毫不介意说谎，为了达到某一目的，他们将说谎视为常规手段。他们经常说谎，始终如一，持之以恒，并且没有负罪感。骗子都是演员，他们将生活当作舞台，演技足够得金马奖。而且，骗子的外表可不如他们的内心那般黑暗，即使包藏祸心，骗子的外表也给人诚实正直的印象，有的人甚至气质优雅，举止大方。如果你想象骗子长着一张猥琐的脸、衣衫褴褛地走在大街上，那么你在生活中会错过许多骗子的。

社会交往中，以骗取他人钱财为目的的骗子大有人在，但更多时候，我们经历的是人与人之间的小谎言。有谎言的存在，就会有人专门鉴别谎言、拆穿说谎者。可惜，人类从古至今研究测谎技术，至今诞生了无数的理论，但真正能够应用到实践中的技术并不多。原因在于，鉴别谎言并不是那么容易的事儿。

艾克曼多年来致力于测谎研究，他发现，一闪而过的表情往往会泄露一个人的内心，但是人眼不是高速摄像机，无法捕捉如此迅速的表情变化，大多数人很难发现别人在说谎，就连经常和骗子打交道的警察、临床心理学家、法官、海关人员也不例外，他们做出正确判断的概率，并没有比普通人高多少。人群中，只有少部分人具备这个能力——鉴别谎言的能力。虽然这个过程只有五分之一秒，但是有人就具备这样的天赋。

艾克曼在发现了美国联邦烟酒枪械炸药局的高级调查人员纽伯瑞后，致力于在全球范围内寻找能够辨识谎言的人。最终，他从 1.4 万人中筛选出 29 人，其中 10 名为女性。这个比例超过了艾克曼的预期，他从来没有觉得女性更有能力辨别谎言，他之前的研究也没有证明这一点。

艾克曼还发现，具备鉴别谎言能力的人，左脑受到过损害，他们对语句的理解有问题，这就迫使他们更多地依赖非语言暗示，比如面部表情、手势或肢体动作。最新的研究证明，这类人的童年过得非常艰难，父母酗酒，或者父母从事艰苦的工作，不寻常的家庭背景使得孩子对家庭成员的情绪变化非常敏感，成年后，他们变得善于捕捉非语言暗示。

说谎者那么多，能够辨识谎言的人只是人群中的少数，普通人如何辨识谎言、从人群中分辨骗子呢？要依靠经验与技巧！这是警察、法官、海关人员等辨识谎言的唯一方法，在甄选人才的过程中，经验与技巧也同样适用。在面试环节，HR 会根据面试者的语言内容、体态发现说谎的证据，拥有多年面试经验的 HR 能够从求职者的表情、言语和肢体动作中发现他（她）是否在说谎。

莉安广告公司准备招聘两名高级职员，总裁的意思是，一定要找到最合适的人才，进了公司不一定要马上有所作为，但是要能够长期工作下去。为了找到总裁心目中的最佳人选，身为HR的丽莎一个月来一直在忙面试。现实的情况并不乐观，令丽莎感到伤心的除了难以选出符合标准的人才，还有求职者的道德水平。说谎，这是求职者在面试时的大忌，然而许多人都尝试冒险，他们并不知道，做HR 10多年，丽莎早已修炼出一双火眼金睛，能够看透所有的谎言。

多年的工作经验让丽莎对求职者的心理非常清楚，任何求职者，无论他有多优秀，都会夸大或者隐瞒实际情况，在离职原因、工作经历和薪酬等级方面，求职者最容易说谎，行业内的统计调查也证明了这一点。因此，丽莎一点都不担心求职者说谎，只要他不够诚实，必定会被丽莎找到蛛丝马迹。当然，丽莎希望尽快找到优秀而且品行端正的员工，她并不希望面试工作无限期地进行下去。

上个星期五，丽莎面试了一位夏先生。30岁出头的小伙子，名校毕业，履历上写满他以往的工作成绩，第一印象很好，从英语口语到广告业务到衣着穿戴，很显然，他很重视这次面试，而且做了精心的准备。可惜，最终夏先生被淘汰，丽莎觉得有些不忍，但她无法接受一个满嘴谎言的人进入莉安。

那是在复试时，丽莎单独面试从18个人筛选出来的4个人，第一个约见的便是夏先生。丽莎一走进小会客厅，夏先生便从椅子上站起来，点头微笑，问候，握手，一切都显得亲切自然。丽莎自我介绍了之后，切入正题。

“您之前在CJ做主管，您那时的月收入是多少呢？”

“一般是8000元左右，如果业绩好，会达到1万元。这是真的，您也知道，这里的消费水平比较高，平时我花在工作上的时间比较多，我的付出和回报是成正比的。”

“这一点我也认可，我们也坚持这个理念，员工付出得多，我们自然就会给予回报——夏先生，那您平时都做些什么呢，怎样安排业余时间？”

“我一般……”

夏先生有条不紊地说着，丽莎则在思考他对上一个问题的回答。他在说谎吗？是的。从“这是真的”一句往后的解释中基本可以推测他的前半句是在说谎。过分强调8000元或者1万元的真实性，反而让人感觉太过刻意。

接下来，丽莎问夏先生：“您在上一个公司里，和上司之间的关系怎么样？”

“我们关系很好，他是一个非常不错的人，工作经验丰富，对我帮助很大，我从他身上学到了很多东西。”

“能具体说一下吗，您的上司在哪方面给予您帮助？”

“可以说，是他把我带入这行的，从他身上我看到了许多职业经验，在心里，我尊敬他是师长。”

这次也是谎言吗？有可能。他在说谎，在说一些根本不存在的事情。人在编故事时，通常会避免很多细节，因为临时编的故事不像直接从大脑中提取记忆，一时间难以将详细内容表述清楚，因此，谎言比一个真实的故事、一段真实的经历信息量少，要简略得多。

作为4个备选中最有竞争力的一个，夏先生最终被淘汰，丽莎原本想给他机会，可惜他没有打算就任何一个问题对丽莎说真话。丽莎最后选择了一个年长的老油条和一个初出茅庐的菜鸟。接下来，她需要用三个月的时间将菜鸟打磨成器，同时让那位熟悉职场生存法则的老人学习并且服从她的游戏规则。

说话时，过量的信息也可能是说谎的破绽，因为它是一种反常的表达方式。双方交谈时，根据对方的需要提供信息，避免提供不必要的信息，过多或过少都会引起对方的注意。这种情况属于说谎者的失误，他本不想暴露谎言，由于过分在意，希望将谎言编织得更圆满，反而弄巧成拙。

如果一个人在你面前编故事，你会发现，他说得非常简练，没几句话故事就完结了。对比夏先生的回答，更可信的说法是这样的："我和我的上司是好朋友，我们的关系很好。那时候，我刚刚入行，什么都不懂，是他带着我一点点熟悉这个环境。有一次，我想要完成一个合作项目的计划书，苦于见不到合作方的领导，工作迟迟没有进展，是他通过私人关系帮了我。还有许多类似的事，我们一起经历了很多，不管走到哪里，我都感谢他。"

写出你的个性来

人的言谈举止、处理问题的方式都是稳定的，不会轻易发生变化。和每个人说话的方式一样，每个人的笔迹也是不同的。美国心理学家爱维认为，手写其实是脑写，笔尖划过，留下的痕迹不仅是文字，还是人的潜意识，复杂多样的书写动作也是心理品质的外部表现。

书法的真谛就是：书为心画。看一个人的字，就可以判断其个性风格。

学过书法的人，字迹会非常漂亮，但并不妨碍从书写风格中看出人的心理，哪怕是一个粗通文墨的人，也会在笔迹中流露出某些特质。“字如其人”，这句话还是有一定道理的。

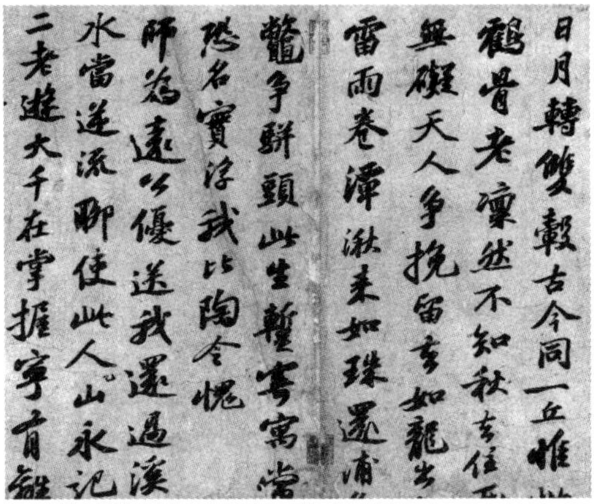

苏轼书法帖

笔迹和心理的关系，古代的文学家、语言学家对此已经有所认知，西汉的扬雄曾说：“言，心声也；书，心画也；声画者，君子小人之所以动情乎？”在民间，也流传着“相人不如相字”“见字如见面”的说法，可见，古人已经知道，一个人书写的笔迹会透露其情绪、情感和性格特征。

一家汽车公司生产部发生了发动机部件盗窃案。一年之内，接连发生了多起案件，造成了逾百万元的损失。警察介入调查后，根据发动机部件失窃的环境和时间分析，这是一起内部人员的盗窃案。

为了避免造成公司内部的恐慌，任职生产部经理的明远决定悄悄地调查，可是，生产部有几百名员工，如何才能缩小范围，尽快找到窃贼呢？明远找到了他的朋友、笔迹专家兼语言学家汉良，汉良想到了一个绝妙的方法：让生产部的员工每人写一份书面材料，陈述他们所了解的情况。

表面上看是从员工中收集信息，汉良的真实意图是拿到员工的笔迹，然后进行分析。

最终，汉良将疑点集中在生产部副经理的身上。他的笔迹特征表明，他心机很深，心胸狭窄，而且善用诡计，他在书写材料时，非常紧张，心神不宁，还有故意伪装笔迹的特征。以明远和他相识多年的了解，副经理真的像汉良分析的那样，是一个颇有城府又小肚鸡肠的人。

明远将汉良的分析结果告诉了警察，警察对副经理进行了跟踪监视。最终，副经理在贩卖发动机部件的现场被逮捕。警察从审讯中得知，副经理一直对去年因为生产事故被扣奖金一事耿耿于怀，觉得自己帮别人背了黑锅，这才对生产部的设备动了心思。

书写是后天习得的技能。人在书写时，涉及手部肌肉的复杂精细运动，并且受到神经系统的调控，从笔迹的轻重、字体的形状、字迹结构和书写速度等方面，能看出一个人的性格或工作能力。

字母过大或者过小，个性中有表现的意图或愿望；滥用弧线、花字尾，表明自我感觉存在局限；字母清晰完整，标点符号准确，这类人办事一丝不苟，有条理；字行高低不平，书写者机智、狡猾；字迹有棱有角，说明观点、意图比较坚定；字迹圆滑则表明性格随和，办事老练。

字体形状反映的是书写者的态度、个性化的程度、处理事务的方式、总体的文化水平等。将字写得横平竖直，近似楷书的标准写法的人，遵循常规，喜欢按照固定的习惯工作和生活，这一手规矩的字体是从学生时代保持下来的习惯，可见其有多么不喜欢变化，思想比较保守，待人处事不够灵活。相对应，连笔书写的人摆脱了学生时代刻板、不灵活的特点，字体简洁、流畅，容易书写，这类人思维比较灵活，善于抓住事物的重点，逻辑思维很强。

在西方笔迹学中，有一种观点是将笔迹的上、中、下三个部分与弗洛伊德人格结构中的超我、自我、本我相关联。上部代表书写者的志向、智力，中部代表自我观念、情感角色，下部代表本能生活、实现愿望的行动能力以及对物质生活的重视程度等。

结构严谨，笔迹笔画齐全，结构安排得当，看起来比较匀称，说明书写者沉稳、理智，思维严密，考虑问题比较全面，做事有计划性。结构松散的笔迹看起来非常凌乱，缺少章法，书写者则粗心、马虎，注意力不集中，自由散漫，自控能力较差。

书写速度快的人，思维能力和理解能力也很迅速，反之，书写速度慢，思维、理解的速度也慢。快速书写一般每分钟能达到 40 个字以上，快速书写的人活泼、机敏，易兴奋，但也存在情绪不稳，易冲动，缺乏忍耐力的缺点。慢速书写一分钟不超过 25 个字，如果字迹流畅、凝重，此人做事沉稳、小心谨慎；如果笔画粗糙，不流畅，则性格不活泼、不勤奋，缺乏自信。

乾隆的“宁静致远”

笔尖落在纸面上的压力大小，被称为“笔压”，也叫力度。笔压重，阻力大，笔压轻，阻力小。笔压重的人精力充沛，意志坚强，做事有主见，有恒心，一般都能自己拿主意，不受其他人的影响，同时也倔强、固执、冷漠、刚愎自用；笔压轻的人性格随和、谦虚、谨慎、积极好动，但也不够自信，不够果断，不敢挑起重担，承担风险。

笔迹分析一般用于两个方面，一是笔迹鉴定，司法、银行等领域会鉴定字迹、签名，证明是不是出自同一人之手；二是笔迹心理分析，通过一个人的笔迹分析其性格和为人。

“一个损害员工利益的贱女人……坏女人、蠢女人、丑陋的人做什么领导……去死吧！”林月一走进公司的女洗手间，就看到墙壁上和洗手台的镜子上用口红写满了这些文字。还有一些更加不堪入目的侮辱语言，矛头直接指向林月这个总经理。

林月觉得非常气愤，“有什么不满可以说出来，非要弄得这么难看吗？等我查出来是谁写的，一定不会让你好过。”林月走进办公室，助理小吴赶紧过来报告：“林总，您都看到了吧？”

“嗯，看到了，我已经打电话报警了。”林月坐在椅子上，胸中的怒气尚未平息。

“我刚刚去一楼和二楼的女洗手间看了一下，那里也写满了各种骂人的话……”

“告诉保洁阿姨，所有的字迹都不要擦掉，要留着证据，等我找到那个人，让她亲自擦掉！”

小吴应了一声，走出去通知保洁，这时，警察已经赶到。不过，警察没时间调查“凶手”是谁，只是找林月简单做了笔录，给现场拍了照片。林月对着全体员工说：“我一定会走司法途径，给这个胆大妄为的人一点教训。”

其实，林月大概猜到了是谁做的，前几天，行政部的韩雪想提前休产假，但是被林月拒绝了。“公司规定，没有特殊情况，女员工产假98天，可以提前休息15天。”

“可是我身体一直不好，最近医生嘱咐我住院调养，15天时间根本不够。”

“我也生过孩子，我知道怀孕过程很辛苦，但是公司里的每个人都是这样过来的，你也不能例外。说实话吧，你想休息多久？”自从怀孕之后，韩雪就变成了娇滴滴的公主，工作不认真不说，不是住院就是休养，林月已经厌恶和她周旋了。

“120天行吗？我真的是特殊情况，医生说……”

谈话并不愉快，考虑到韩雪有孕在身，林月并没有说严重的话。后来在员工会议上，林月不点名批评了她，并且警告所有员工：“公司自有公司的规定，我也没有剥夺任何人应享的权利，我的要求只有一点，要么遵循，要么走人。”第二天，韩雪就递交了辞呈。

几天后，警察通知林月，让她准备员工笔迹的材料，需要做笔迹鉴定。林月找到了韩雪进公司时填写的员工登记表，并送到了司法鉴定中心。结果，笔迹鉴定专家将现场的照片和韩雪的笔迹进行对比，最终证明是出自同一人之手。

笔迹分析是一个综合运用各种知识进行判断的方法，仅凭单一特征并不能看出一个人的性格。目前的笔迹分析规则来自一种朴素的联想，如字迹圆滑代表性格圆滑；笔画果断，弯折时写成直角，则代表性格果断、正直。这种语义的联系缺乏现实的基础，对于笔迹的研究在国际上尚处于初步阶段，许多理论没有得到科学证实，国内则还没有专门的笔迹分析机构，从业人员也没有资格认证。因此，这只是心理学与笔迹学研究的一个新方向，尚未被更多人认为是一门科学。

从照片看性格

如今社交网络如此发达，从微博、微信到 Twitter、Facebook、Instagram 等社交网站不胜枚举。许多人喜欢在微博、微信等社交网站上晒个人照片、美食照片、旅行照片、宝宝的照片，与朋友分享，等着朋友点赞、转发和评论。不过，美国的一项研究表明，频繁将照片上传到社交网站是一种心理“变态”行为。

晒照片的行为是基于人类的虚荣心。无论是晒刚买的西服还是汽车，都是为了炫耀给别人看。为什么要炫耀呢？因为这样会让自己感到舒服，比如，长期不被人关注的人，突然买了一辆路虎揽胜开在路上，立马就会引起别人的注意，本人的心理感觉也会发生巨大变化。

并非仅限于购物，人们做任何事情都希望获得他人的认可，以此来表现自己，炫耀自己。例如，换个发型，换个妆，是为了让更多人欣赏、认可自己，这种表现恰好证明了现代人的幼稚——回到了小孩子阶段，通过各种动作，希望引起他人注意。

整天在网络上发布自己吃了什么，喝了什么的人情况雷同。当炫食物成为一种时尚，每个人在饭前都热情百倍，必须先将食物的图片发到网络上才能开动。这些人走进餐厅的目的不是吃饭，而是社交，他们想做的无疑就是将自己吃了什么，在哪里吃的，什么时候吃的告诉看朋友圈的人，将食物吃掉不过是次要的事。为此，有的餐厅禁止顾客对食物拍照，一位米其林星级厨师则干脆禁止喜爱炫食物的顾客进入他的店。

喜爱自拍、喜爱炫食物的人真的是心理“变态”吗？想得出定论，还需要心理学家做更加深入的研究。对当事人来说，或许只是为了好玩，为了向朋友直播自己的生活，但是他们或许不知道，在晒美图、晒美食的同时，他们也在晒自己的性格，晒自己内心的秘密。这一点，心理学家早已经知晓。

美国的一项研究表明，照片能够描绘一个人的性格，拍照时神态动作越自然，泄露的秘密就越多。一个人在照片中的形象暗示他在职场、社会生活中扮演的角色。仅凭少量的信息，比如通过不到 30 秒钟的交谈，看一个关于对方的视频片段，或者仅仅是看这个人的照片，就可以看出一个人的社会地位、经济状况、性取向、说话风格、个性。可是，照片记录的只是人一生当中很短暂的时间，这个瞬间怎么能预测十年甚至更久之后的生活呢？那是因为，笑容是衡量一个人性格的精确指标。

索诺玛州立大学的研究人员让 12 名参与者看 123 名大学生的全身照，6 人看自然状态下拍摄的照片，6 人看标准照。参与者与照片上的大学生并不认识。参与者可以依据是否外向、随和、负责任、情绪稳定、乐于尝试新事物、讨人喜欢、自尊、孤独、虔诚和有政治头脑等标准给照片中的人分类，随后把结果和照片主人的自我评价、朋友评价进行对比。

结果显示，参与者能判断出标准照中外向、自尊的人，判断“放松照”中人性格的准确率达到了 90%。为什么照片会泄密呢？真正泄密的是人在照片中的身体语言。相机在咔嚓一声之后，人的眼睛、表情、衣着、发型、妆容都被定格，关于当事人的一切也变得一览无余。

拍照时双手抱胸的人，好像在给出“生人勿靠近”的提示，这种人自我保护性比较强，渴望得到鼓励和支持，但没有攻击性；背部直挺或者稍微收敛，这类人不太自信，担心被周围的人看不起，集体活动时喜欢坐在靠后边的位置，若非被点名，不希望吸引众人的目光。因性格内向，喜欢独处，往往和其他人的沟通不畅。

双脚稳稳站立拍照，颇有人生阅历，对自己信心满满，对事物有把握和控制欲，拍照的人很可能是此人的后辈、下属、学生或者尊重他的人；摄影师说“来，笑一个”，就能轻松自如笑出来的人，性格直率、坦白，这样性格的人能让夫妻之间的关系更加圆满、和睦。

拍照时身体舒展、笑容自然的，对生活的现状非常满意，或者是否极泰来，对人生的起伏已然能泰然处之；没有过多的表情，也不是四肢紧绷，表情僵硬，属于一本正经的谨慎型。这类人事业、家庭都算四平八稳，对工作、家人都非常认真、谨慎。

拍照的姿势会受当事人心境的影响。如果当下心情不好，或者置身在不愿意参加的活动中，拍照时的表情就不会笑靥如花；相反，如果心情愉快，拍出来的照片则是充满快乐的，拍照的姿势也是自然的。

人们拍照时喜欢摆 pose，这会误导对当事人性格的分析，根据拍照姿势判断性格，正确率下降到 50%。在拍照动作中，最常见的就是“剪刀手”了。无论任何场合，有的人拍照就是喜欢出 V 字形手势，也就是“剪刀手”。这个手势的意思是胜利，取英文单词“victory”的首字母，打出这个手势，代表庆贺胜利，或者表达喜悦。这一手势来自英法之间的阿金库特战役。

战时，法国骑士团扬言要砍掉所有英国长弓兵拉弦的食指和中指，最终，法国人没能如愿，大批人成了英国人的俘虏。英国人向法国战俘横向比出拇指、食指和中指，意思是“你来砍啊，我们的手指完好无损”。后来，这一手势在二战期间被丘吉尔改进，成为今天常见的竖起来食指和中指的 V 字形手势。

这个手势从 20 世纪 80 年代进入中国，一直流传至今。无论什么场合、心情，但凡拍照，大家都喜欢摆出这个pose，喝酒“胜利”，旅游“胜利”，同学聚会也“胜利”，让人不免觉得单调而滑稽。同时，剪刀手的动作也隐藏了当事人的真实情感，而如果想透过照片准确地了解一个人，首先，照片中的人要处在自然放松的状态，最好是抓拍，又自然，又真实；其次，照片的数量要足够多。

如果想看一个人在团体中的位置以及社会关系，最好是看合影照片。合影时所站的位置也会暴露人的深层心理。在一群人中，一个人站的位置是被这个人对社会的态度、自我意识影响的。研究人员观察过希特勒少年时代的照片，他总是习惯站在同学中不易被发现的位置上，这显得他很自卑，有点神经质。

如果一群学生和老师一起合影，或者一群员工和领导合影，老师和领导肯定是站在中间位置，而靠中间位置最近的人，想要让别人觉得自己有超强实力，与大多数人保持距离；站在边上的人对事情不太关心，有反抗情绪；站在角落里，不希望引起他人注意的人很胆小，沉默寡言，对任何事情都拘谨、缄默，有自卑感。一个人在不同的团体中，可能选择站在不同的位置，站的位置决定于对群体的认可程度和喜爱程度。

既然照片中能看出一个人的真性情，那么在重要的场合，拍好照片，选好照片就很重要了。比如求职简历上的照片，眼睛睁得太大，直勾勾地盯着一个地方，给人感觉面露凶光；如果眼皮耷拉着，眼神不聚焦，给人目光无神，无精打采的印象；不看镜头，或者摆出怪异的表情，这些都是不适宜的；如果眼睛炯炯有神，并且微笑，则给人自信、从容之感。

相亲用的照片，最好整洁大方，切忌过分打扮，保持微笑，但不能露太多牙齿。想要展现沉稳，衣服就要少花纹和装饰品，眼部、脸部肌肉不要紧张；戴副眼镜，会让人觉得你很有内涵；想要透露你乐于接受新鲜事物，可以穿富有个性的衣服。拍一寸照时，面部表情很重要，还要管理好下巴。下巴上抬，给人清高、傲慢之感，过分内收则留下自卑印象。

照片中惯用的表情、身体姿势是面对人生的表达方式，那些经常面带笑容，用积极、开放的身体语言照相的人是勇敢、生活乐观的人，这样的人容易获得来自周围人的支持，能够更长久地维持人与人之间的亲密关系。

图书在版编目（CIP）数据

心理学与心理分析／隋岩著．—4 版．—北京：中国法制出版社，2020.5

ISBN 978－7－5216－0878－6

Ⅰ.①心…　Ⅱ.①隋…　Ⅲ.①心理学－通俗读物　Ⅳ.①B84－49

中国版本图书馆 CIP 数据核字（2020）第 022828 号

策划编辑：杨　智（yangzhibnulaw@126.com）
责任编辑：王　悦（wangyuefzs@163.com）　　封面设计：周黎明

心理学与心理分析

XINLIXUE YU XINLI FENXI

著者/隋岩

经销/新华书店

印刷/三河市国英印务有限公司

开本/710 毫米×1000 毫米　16 开　　印张/15　字数/240 千

版次/2020 年 5 月第 4 版　　2020 年 5 月第 1 次印刷

中国法制出版社出版

书号 ISBN 978－7－5216－0878－6　　定价：46.00 元

北京西单横二条 2 号

邮政编码 100031　　传真：010－66031119

网址：http：//www.zgfzs.com　　**编辑部电话：010－66038703**

市场营销部电话：010－66033393　　**邮购部电话：010－66033288**

（如有印装质量问题，请与本社印务部联系调换。电话：010－66032926）